中老年人生活一点通

《老园土之友》杂志社 ◎ 组编

大连理工大学出版社
Dalian University of Technology Press

河北科学技术出版社

图书在版编目（CIP）数据

中老年人生活一点通 /《老同志之友》杂志社组编
. —石家庄 : 河北科学技术出版社，2013.7
ISBN 978-7-5375-6047-4

Ⅰ . ①中… Ⅱ . ①老… Ⅲ . ①生活—知识—中
老年读物 Ⅳ . ① Z228.3

中国版本图书馆 CIP 数据核字 (2013) 第 143365 号

大连理工大学出版社
河北科学技术出版社　出版

地址 : 大连市软件园路 80 号　　邮政编码 : 116023
石家庄市友谊北大街 330 号　邮政编码 : 050061
发行 : 0411-84708842　传真 : 0411-84701466　邮购 : 0411-84703636
E—mail:dutp@dutp.cn　URL:http://www.dutp.cn
大连金阳光彩色印刷包装有限公司印刷　　大连理工大学出版社发行

幅面尺寸 : 168mm×235mm　　印张 : 15.5　　字数 : 220 千字
2013 年 7 月第 1 版　　　　　2013 年 7 月第 1 次印刷

责任编辑 : 曹　阳　谷中强　　　　　　责任校对 : 曹丽晶
封面设计 : 黄敏青

ISBN 978-7-5375-6047-4　　　　　　　定　价 : 36.00 元

总序 FOREWORD

据我国第一部《老龄事业发展报告（2013）·老龄蓝皮书》披露，截至 2012 年底，我国 60 岁及以上老龄人口达到 1.94 亿，占总人口的 14.3%，其中 80 岁及以上高龄人口达到 2273 万人。2013 年老龄人口总量将突破 2 亿大关，老龄化水平将达到 14.8%。另据预测，到本世纪中叶，将迎来老龄人口顶峰值 4.83 亿，约占总人口的 35%，其中 80 岁及以上高龄人口将达到 1.08 亿。届时，每三个人中就有一个老人。全球每四个老人中有一个是中国老人。凸显了"未富先老"、"未备先老"、空巢化与失能高龄化日益加剧的主要特征。

老龄化带来的挑战是全局性的。一是全社会没有做好应对人口老龄化的准备，包括物质和精神的准备。二是贫困和低收入老年人群数量较大，家庭养老功能弱化。三是作为世界上失能老龄人口最多的国家，我国面临的失能老人照护服务压力超过世界上任何一个国家。四是繁荣老年文化的终极意义在于增强老年人的幸福感。处在接近或达到小康生活的老人们，对"颐养天年"有新的理解，花钱买健康、老年上大学、异地养老、境外旅游成为新时尚。繁荣老年文化，让晚年生活充满阳光、绿色、欢笑，莫道桑榆晚，释放正能量。

党的十八大作出了"积极应对人口老龄化，大力发展老龄服务事业和产业"的战略部署。新修订的《老年人权益保障法》也将"积极应对人口老龄化"上升到法律的高度，确定为国家的一项长期战略任务，国家和社会应采取有效措施，健全保障老年人权益的各项制度，逐步改善保障老年人生活、健康、安全以及参与社会发展的条件，实现老有所养、老有所医、老有所教、老有所学、老有所乐、老有所为。国务院发布的《中国老龄事业发展"十二五"规划》进一步指明了推进老龄事业发展的指导方针和工作目标，建立六大体系、实现"六个老有"目标：建立健全老龄战略规划体系、社会养老保障体系、老年健康支持体系、老龄服务体系、老年宜居环境体系和老年社会工作体系。就社会整体而言，如何搞好老年保障、老年健康、老年心理慰藉、维护老年人的合法权益以及为老年人提供丰富多彩的精神文化生活，让老年人活得健康快乐，活得体面有尊严，成为全社会关注的热点问题。

　　《银发潮·中国系列丛书》是遵照党的十八大作出的"积极应对人口老龄化，大力发展老龄服务事业和产业"的战略部署而推出的。本丛书是本着贴近生活、贴近实际的主旨，摸准老年人的阅读习惯，由大连理工大学出版社推出的中老年人大众读物。本丛书分为三大系列：老年学术专著系列、老年大学教材系列和中老年生活指导系列。老年学术专著系列，以全国各大学社会学、老年学、人口学、公共管理学等专家学者以及老龄工作机构、老年学学会为依托，编辑出版能反映他们最新研究成果的图书。同时翻译出版介绍日本应对人口老龄化成功经验的专著和指导老后生活的畅销书。老年大学教材系列，包括老年大学、高职高专教材以及社会工作、老龄护理岗位培训类教材。中老年生活指导系列，试图打造成"中国式"居家养老必备手册类图书，为即将步入老龄期的人群提供一个养老规划，引导他们在"过渡期"生活理念、生活方式有所转换，淡定地进入退休生活；为已经进入老龄期的人们提供一系列健康养生、食品保健、出行旅游等生活指导；为低龄老人提供一系列老有所为、老有所乐的趣味读物，引导他们在发挥"潜能"、量力而行为社会做贡献的同时，过一个多彩多姿的晚年生活。

　　本丛书具有探索的性质，难免有粗糙、不足之处，诚请专家学者和广大读者不吝指正。

柳中权

2013 年 3 月

一份珍贵的健康之礼

——献给《老同志之友》的热心读者

2013 年，是《老同志之友》杂志创刊 30 周年。《老同志之友》走过的 30 年，是多姿多彩的 30 年，是辉煌夺目的 30 年，是令人惊羡的 30 年，更是一本杂志与她不舍不弃的热心读者相依相伴的 30 年。

30 年里，《老同志之友》杂志连续 4 次被国家新闻出版最高领导机关评定为"全国百种重点期刊"，成为名副其实的全国老年期刊中的唯一。这不能不说是一个创举，一个奇迹！

然而，创造这奇迹和辉煌的，是选择她、支持她、信赖她、认可她的近 70 万可亲可敬的读者。读者是托起《老同志之友》成就的擎天巨柱！

在纪念《老同志之友》杂志创刊 30 周年的喜庆时刻，在这致谢、感恩的难忘日子里，《老同志之友》杂志社却为如何表达对读者的敬意和感激犯了难：读者是《老同志之友》杂志的上帝，什么礼物最珍贵？ 30 年悄然而过，是虔诚的读者一路相依、相伴成就了《老同志之友》的奇迹，是读者以智慧的选择、真诚的信任创造了《老同志之友》的辉煌，应该怎样酬谢？

古人寄相思于明月，今人则赋祝福于胸意。经再三斟酌，《老同志之友》杂志社认定，送给尊贵朋友的最好礼物莫过于健康之礼。"送礼送健康"是当今最时尚的选择。正基于此，《老同志之友》杂志社特编辑出版此书——《中老年人生活一点通》。

PREFACE

　　《中老年人生活一点通》一书的内容，大多是选自《老同志之友》杂志上 30 年来医疗保健类栏目中的精华，是经过近 70 万读者亲身验证了的，仅此一点，可能是所有同类图书都无法做到的。正是基于这个特点，此书具有其他同类图书所不具备的独特优势，内容权威、切实有效，尤其更具可靠性、可信性。尽管许多内容是《老同志之友》刊用过的，但绝非是以往材料的简单汇总和生硬堆砌。在编辑成书过程中，对以往内容进行了较为系统的归纳、分类，查阅更加便捷，内容更加充实；在文章体例上，经再加工润色，更加统一、规范，便于珍藏；在文字表述上，更加翔实严谨，易于理解，方便操作。对于个别有欠妥帖的内容，此书在收录过程中或删节、或订正、或请专家进行核准。

　　之所以编辑出版《中老年人生活一点通》一书，其旨意不仅仅限于为《老同志之友》的热忱读者送健康，同时，也是在向他们送回忆、送实用。读上《中老年人生活一点通》，会引起读者对阅读《老同志之友》的快乐往事的美好回忆；送上这样一本书，远胜过奉上一条香烟、一瓶美酒那样稍纵即逝。她会长久地留在人们的记忆中，并将受用终生。这确是一份集实用性、纪念性、收藏性为一体的，有益身心健康的难得礼物。

　　《老同志之友》杂志社衷心祝愿各位读者，青春永驻、健康长寿，《老同志之友》杂志愿与各位朋友相伴 40 年、50 年、60 年……直至永远！

　　　　　　　　　　　　　　　　　　　　　　　　编者
　　　　　　　　　　　　　　　　　　　　　　　　2013 年 6 月

目 录 CONTENTS

CONTENTS

CONTENTS

CONTENTS

CONTENTS

生活方式篇

CONTENTS

CONTENTS

运动篇

CONTENTS

健 康 篇

温馨提示

> 我国老年人口多，且身心健康状况不容乐观。在日益老龄化的社会，只有解决了老年人的健康问题，才能让老年人安度晚年。因此，我们要给予老年人更多的关爱和呵护。

小贴士一

吃葡萄不吐皮

科学家发现葡萄皮中有一种天然高效的抗癌物质。

美国伊利诺斯大学的约翰·佩莱特博士及其研究小组，对世界各国的 600 多种植物进行了调查，结果发现一种对防止血栓有效的白藜芦醇具有高效的抗癌作用。这种物质存在于 70 多种植物中，尤其以葡萄皮中的含量为最多。研究人员以人工方法让老鼠患皮肤癌，两周后让其服葡萄皮中的这种物质，18 周后发现，癌细胞最多可减少 98%，最少也可减少 68%。

（林小雨）

小贴士二

吃葡萄干可护齿

葡萄籽与葡萄皮具有同样的保健作用。早在 20 世纪 70 年代，法国科学家马斯魁勒博士发现，葡萄籽中含有一种人工不能合成的天然抗氧化物质原花青素。这种物质具有抗自由基、保护心脏血管、调节血脂、预防高血压、抗疲劳、缓解关节疼痛、保护视力、抗癌及防衰老等多种作用。

葡萄籽除含有原花青素外，还含有人体必需的脂肪酸——亚油酸，以及丰富的维生素 A、维生素 E、维生素 D、维生素 K、维生素 P 和多种微量元素，是一种值得青睐的保健食品。吃葡萄时最好将籽与肉嚼碎同食。

（顾世显）

小贴士三

红皮果蔬能抑癌

新加坡国家癌症中心的研究员许德弘博士发表报告称，他从红皮水果和蔬菜中发现了植物化学元素，并给被移植了乳腺癌和前列腺癌的老鼠喂食，发现这些老鼠的肿瘤开始缩小。结论是，这些含有植物化学元素的红辣椒、红苹果以及其他红色表皮的蔬菜和水果，能抑制癌细胞，对于乳腺癌和前列腺癌有抗扩散的作用。

专家预言，将来若能将植物化学元素与其他方法共同使用，可望达到治疗癌症的目的。

（邓 竹）

小贴士四

果蔬榨汁喝，便秘来"敲门"

很多老年人因为牙齿不好，喜欢将蔬菜和水果榨成汁，认为这样会有助于消化。其实，把蔬菜和水果榨成汁饮用不仅不能帮助消化，还会引起便秘。因为蔬菜和水果在榨汁的过程中损失了很多人体必需的膳食纤维。其中的不溶性纤维可以防止胃肠系统发生病变，具有刺激肠道蠕动和促进排便的作用。此外，膳食纤维还可影响血糖水平，减少糖尿病患者对药物的依赖性，还有防止热量过剩、控制肥胖、预防胆结石、降血脂等功效。

（洪　梅）

小贴士五

糖尿病患者吃水果的四原则

把握好吃水果的前提　当血糖控制比较理想，即空腹血糖能控制在 7.8 毫摩尔 / 升以下，餐后 2 小时血糖控制在 10 毫摩尔 / 升以下，糖化血红蛋白控制在 7.5% 以下，这时如不经常出现血糖波动，就具备了享受水果美味的前提条件。

掌握好吃水果的时间　水果一般应作为加餐食品，也就是在两次正餐中间（如上午 10 点或下午 3 点）或睡觉前 1 小时，这样就避免一次性摄入过多的碳水化合物而使胰腺负担过重。

选择好水果的种类　尽量选择含糖量较低及升高血糖速度较慢的水果，一般来说，苹果、梨、橘子、柚子、猕猴桃等含糖量较低，对糖尿病患者较为合适。而香蕉、红枣、荔枝、菠萝、葡萄等含糖量较高，糖尿病患者不宜食用。

控制好水果的数量　根据水果对血糖的影响，糖尿病患者每天可食用水果 200 克左右，但同时应减少主食约 25 克，这样可使每日摄入的总热量保持不变。

（吴国隆）

小贴士六

女性多吃果蔬可降低患胆结石的风险

哈佛大学医学院研究人员在医学杂志上发表文章说，他们的一项名为"护理健康研究"的长期跟踪调查，共有7.7万名女性参与。结果发现，有6600名女性在接受调查的16年间患上了胆结石，并做了胆囊切除术。分析显示，那些水果和蔬菜吃得最多的女性与吃得最少的女性相比，患病概率要低21%。

研究人员分析认为，多吃果蔬，特别是绿叶蔬菜和柑橘类以及其他富含维生素C的食品，可有效地预防胆结石的形成。对已形成结石的人来说，则能阻止病情进一步发展。 （孙　广）

小贴士七

素食有助于防治关节炎

美国韦恩大学医学院教授洛卡斯让16名关节炎患者每天吃大量的肥肉等高脂肪食物，结果患者的症状明显加重，甚至出现关节肿胀、强直及活动障碍等病症。而停止高脂肪饮食后，症状很快缓解或消失。后来，他再次让这些患者吃高脂肪类膳食，结果关节炎症状又重新加重。

挪威的医学研究试验也显示，吃素食后关节炎患者的症状呈明显

好转态势。研究人员分析认为，脂肪在体内氧化过程中能产生一种叫做酮体的代谢产物。过多的酮体，对关节有较强的刺激作用，可加重关节炎的病情。因此，关节炎患者应多食蔬菜，少食肉。 （郭旭光）

小贴士八

男性吃红肉多易患前列腺癌

美国国家癌症研究所发表在《美国流行病学杂志》上的一项调查结果显示，经常进食红肉会增加男性罹患前列腺癌的风险，而且进食越多风险越大。

该项调查的对象是 17.5 万名 50 ～ 71 岁的男性，时间为 9 年。在此期间共有 10313 人罹患前列腺癌，其中 419 人死亡。受调查对象中，有 20% 的人进食猪肉和牛肉等红肉最多，他们比进食红肉最少的人患前列腺癌的概率高出 12%。特别是患晚期前列腺癌的风险，前者比后者要高出 1/3。

（邓　竹）

小贴士九

富钾食物有助于预防心脑血管疾病

发表在《美国心脏病学会杂志》上的一份研究报告称，常吃富含钾的食物可降低人们患心脑血管疾病的概率。

研究人员调查分析了 24.7 万男性和女性研究对象的钾摄入量、日常饮食习惯和健康状况等数据，结果发现，如果每天能多摄入 1.64 克钾，患中风的概率可降低 21%，患心脏病的风险也有所下降。

研究人员解释说，富钾食物有降低血压的作用，特别是对高血压患者和盐摄入量大的人来说，这一作用尤其明显。此外，钾还可起到缓解动脉硬化及防止动脉壁增厚的作用，而这些正是引发心脑血管疾病的重要因素。

钾是人体维持生命所不可或缺的。鱼类、全谷类食品、香蕉、西红柿等都是富含钾的食物。

（立　成）

高纤维饮食可减缓绝经后女性动脉硬化

　　波士顿大学的研究人员对一些绝经妇女进行了全谷物饮食影响的研究，这些妇女的冠状动脉均至少有 30% 的阻塞。每周进食 3 克谷物纤维或每周进食 6 次全谷食品超过 3 年的妇女，其冠状动脉阻塞程度较轻。研究人员说，对患有心脏病的女性来说，如果经常食用全谷物食品，其疾病的进展就会减缓。

（项觉修）

小贴士十一

当中药与零食"联姻"

　　很多消费者将龟苓膏、阿胶枣、茯苓饼、薄荷糖、酸梅汁、凉茶等作为日常的营养食品。"中药零食"作为一种食品，客观上来讲对人体是有益的。但是消费者在购买、食用时也要依具体情况具体分析。

　　比如，凉茶适宜体质温热之人，如常急躁上火、牙龈肿痛、口腔溃疡、大便干结不畅等人群，而体质寒凉的人则不适宜多饮；龟苓膏适宜于口干烦躁、面部痤疮、习惯性便秘者，因其性质寒凉，脾胃虚弱者、生理期的女性以及孕妇则不宜多食；阿胶枣能补血，适合气虚或血虚体质的人食用，但甜腻难消化，多食易上火，因此一天食用应不多于 10 颗；茯苓饼能健脾胃，但市面上的产品通常含糖量较高，所以血糖偏高者不宜；薄荷糖可以清咽利喉、去除异味，但是阴虚血燥、表虚汗多者忌服；酸梅汤不仅能消暑、驱除疲劳，还能止痢断疟，用于治疗肺虚久咳，但发热及肠炎初期的患者以及生理期的女性、孕妇则不宜饮用。

（高　欣）

小贴士十二
用茶水漱口可预防流感

日本昭和大学教授稻村忠胜的研究成果表明，茶叶中的儿茶素具有抑制流感病毒活性的作用，坚持用茶水漱口可以有效地预防流感。经常用茶水漱口，儿茶素能够覆盖在凸起的黏膜细胞上，防止流感病毒和黏膜结合并杀死病毒。儿茶素对流感病毒能起到预防作用。

他认为，乌龙茶、红茶和日本茶中都含有儿茶素，但绿茶预防流感的效果最好。　　　　　　　　　　　　　　（项觉修）

小贴士十三
大量饮酒会增加患乳腺癌的风险

长期大量饮酒除可引起酒精性肝硬化乃至肝癌外，对乳腺的伤害也不可忽视。对 32 万女性的调查显示，每天饮用含 30 ~ 60 克酒精的酒精饮品，其罹患乳腺癌的风险比非饮用者高出 41%。即使只饮用含 10 克酒精的饮品，该风险也高出 9%。可见，饮酒量越大，患乳腺癌的风险也越大。

雌激素由卵巢产生，通过肝脏的灭活来维持其在体内水平的稳定。酒精可刺激雌激素的分泌，而且长期饮酒所致肝脏损害使雌激素的灭活减少，故体内雌激素水平升高，从而诱发乳腺癌。此外，肝功能下降使肝脏解毒功能降低，血中各种有毒物质增多，影响免疫系统的监控功能，致使恶性肿瘤得以发生。

当然，饮酒所致的乳腺癌风险并非一朝一夕所致，而是长期慢性积累的过程。一般来说，10 ~ 20 年后风险可能会成倍地增加。（晓　捷）

小贴士十四

哪些患者易发生意外

未被发现和确诊的患者 一项调查显示，我国约有一半高血压患者不知道自己患病。这些人与健康人一样生活和工作，甚至从事重体力劳动，很容易在不经意中发生意外。

不按规定用药的患者 虽然明知自己患有高血压，但自我感觉良好，觉得没必要用药。或者不遵医嘱，凭自我感觉，随便吃吃停停，致使血压得不到有效的控制。

有并发症者 冠心病和糖尿病与高血压互为因果关系，如果高血压患者并发冠心病或糖尿病，说明病情很严重。如果已合并心、脑、肾等重要器官合并症，说明病情已到中晚期，容易发生心脑血管意外。

多吃少动者 不注意饮食平衡，常吃高脂和高盐饮食，又不爱活动、不参加体育锻炼的人，不仅会使血压进一步增高，还会使血脂增高，加速对心、脑、肾等血管的损害，因而容易发生意外。

性情暴躁的人 情绪恶劣、精神沮丧，特别是动辄大发雷霆的人，会使血压剧烈波动，容易发生脑血管意外。 （孙　逊）

小贴士十五

心绞痛时，舌下正确含药的技巧

出现心绞痛时，应及时舌下含服急救药物。有些患者含药后不能收到预期效果，很大一部分原因在于用药不当。因此，掌握用药要领非常重要。

首先，应注意常备的硝酸甘油片要及时更换，以免急用时因药物过期失效而误事。如果药片含在舌下无辛辣感，说明药物已经失效。

其次，药片一定要放在舌下，而不能随便含在口中，因为舌面上

的角质层能影响药物的吸收速度，从而影响急救效果。

还有，含药时的体位也很重要。如果平卧在床上，可因回心血量增加而使心脏负担加重，不利于心绞痛的缓解；如果站位用药，则可能因血管扩张，血压下降而出现晕厥的危险。　　　　（文　之）

小贴士十六

悦耳音乐有益于心脏健康

美国马里兰大学医学中心进行的一项研究显示，当人们聆听自己喜欢的音乐时血管会扩张，其程度可与开怀大笑或服用心血管药物的作用相媲美。研究人员让 10 名身体健康、无吸烟史的志愿者，先听半小时自己最喜欢的音乐，然后再听半小时他们自称会感到焦虑不安的音乐。与此同时，研究人员用超声波测试他们的血管功能。结果发现，与平时相比，听完自己喜欢音乐的志愿者，其血管直径平均扩大了 26%；而当他们听完厌恶的音乐时，其血管直径缩小了 6%。研究人员说，血管扩张可使血流更顺畅，发生血栓性心脑血管疾病的概率会减少。

（东　方）

小贴士十七

丧偶半年者需提防心脏病

美国心脏协会宣布的一项新研究显示，在配偶或孩子去世后的半年内，人们发生心脏病或心脏猝死的危险大大增加。

研究人员对 78 名 33 ~ 91 岁失去配偶或儿女的受试者进行了为期 6 个月的跟踪调查。其中女性 55 人，男性 23 人。研究从参试者失去亲人后两周开始。对参试者心率及心律进行了 24 小时监测，并记录下参试者抑郁和焦虑变化情况。

结果发现，与没有亲人过世的对照组相比，丧失亲人的受试者在亲人过世后几周，其心跳加快的概率增加两倍。两组参试者平均心率分别为 75.1 和 70.7，前者 6 个月之后，平均心率降低至 70.7。

对此，研究人员表示，对于那些本身心脏就比较差的人，在遭遇亲人过世的时候，最应该寻求医生指导，发现问题及时治疗。

（刘　琳）

小贴士十八

揉肺经能缓解心绞痛

心血管患者常常会感到心绞痛，心里堵闷，上气不接下气，特别烦躁，有时还咳嗽。遇到这种情况，只要打通肺经，症状就能缓解。

用大拇指按中府穴，然后向上推到云门穴，一般这里会很痛。把痛的地方推揉开，体内的浊气就会通过打嗝散掉，胸中自然就舒服了。

云门穴位置　双手叉腰，肩膀的锁骨旁有个深窝，窝的中心就是云门穴。

中府穴位置　在云门穴下一寸，位于乳头到锁骨肩上最高点连接线的中点略微偏上的位置。

（王德芳）

小贴士十九

盐替代疗法降血压

澳大利亚悉尼国际健康研究所与中国北京阜外心血管病医院合作进行了盐替代疗法的研究，观察了低钠高钾的替代盐对血压的影响。结果发现，用低钠高钾盐替代日常的食盐可使血压明显下降。

研究人员分析认为，盐替代疗法是一项简单廉价的降压措施，而且容易掌握。如果能够取得政策上的支持，在我国推广，可降低高危人群的发病率和死亡率。

（捷 建）

小贴士二十

少说多听可降血压

美国马里兰大学的医学专家们经过20多年的研究发现，人们之间的任何交往，哪怕是关于天气的轻松闲谈，也会影响心血管系统，特别是血压。讲话时血压会升高，而听话时血压则会下降。另外一项研究还观测了三种情况——大声朗读、凝望一片空墙和观看水中的鱼时的血压。结果显示，大声朗读时血压最高，而观看水中的鱼时血压最低。

可见，高血压患者平时应保持心态平和，交谈中以听为主，尽量避免大声长谈，特别是大声争论。

（于长学）

小贴士二十一

阳光有助于降血压

柏林自由大学克劳瑟发现，太阳光有助于降血压。如果不是严重的高血压症，经常晒太阳就能降低血压。在德国，高血压患者接受治疗时，医生建议他们使用光疗法，每个疗程为 6 ~ 10 周，使用的紫外光谱刚好与自然光吻合。

克劳瑟认为，光照能使患者血压明显下降。接受 9 个月治疗后，患者的收缩压和舒张压均有很大程度的下降。当人的皮肤受到阳光照射时，便会在体内产生维生素 D。科学家对两组患者进行观察后发现，

一组服维生素 D，一组接受光疗法，一定时间后，服维生素 D 片的患者血压没有发生变化，而接受光照的患者血压有明显的降低。

（扬　子）

小贴士二十二

噪声可使血压升高

美国密执安大学的研究者让实验参加者经常携带噪声传感器，并每隔 10 分钟测量一次他们的脉搏和血压。结果发现，噪声平均水平每增加 10 分贝，动脉血压就升高 1.5 ~ 2 毫米汞柱。

同样，噪声会使中风危险增高约 10%，使冠心病风险增高约 5%。普通交谈的噪声水平约为 60 分贝，在交通繁忙情况下噪声水平约为 80 分贝，在地铁站，列车抵达站台时噪声水平可达到 100 分贝。

（陈思之）

小贴士二十三
嚼口香糖可降低结肠术后肠梗阻的危险

美国一项研究表明，嚼口香糖可降低择期乙状结肠切除术术后肠梗阻发生的危险。

结果显示，嚼口香糖组患者首次排气时间为术后 65.4 小时，对照组为 80.2 小时 。嚼口香糖组患者首次排便时间为术后 63.2 小时，对照组为 89.4 小时。嚼口香糖组患者首次饥饿感时间为术后 63.5 小时，对照组为 72.8 小时。两组患者均未发生重大并发症。嚼口香糖组患者住院时间较对照组短，两组分别为 4.3 天与 6.8 天。

研究提示，嚼口香糖可通过激发肠动力，促进择期乙状结肠切除术患者术后康复。嚼口香糖是结肠切除术后一种既经济又有效的辅助护理措施。

（晓　辉）

小贴士二十四
中风信号早发现

患有高血压、高血脂、动脉硬化或糖尿病的老年人，是中风的高发人群。中风分为缺血性中风（脑血栓）和出血性中风（脑出血），如果能及时发现，可在 6 小时以内进行溶栓治疗，或者在 6 小时以内快速降压、控制血肿，能有效地挽救脑细胞。

一般在中风前数分钟、数小时或数天，常常出现一些危险信号，如单眼视物不清或眼前发黑；舌头发硬、发麻，口齿不清或流涎；眩晕、恶心呕吐、头疼；以及半身麻木、无力，走路不稳等。如果患者突然血压升高，并伴有剧烈头疼、呕吐和烦躁不安，常为颅内压增高的表现，中风随时可能发生，应给予足够的重视。

（吴国隆）

小贴士二十五

安慰疗法可助感冒痊愈

美国威斯康星大学麦迪逊分校的研究人员在《家庭医学纪事》上报告说,他们选取了719名感冒患者,并安排他们或服用草药治疗感冒,或服用安慰剂,或什么也不服用。结果发现,服用安慰剂的患者由于坚信他们服用了药物,平均比什么都没有服用的患者早2天半痊愈,而服用草药的患者平均比什么都没有服用的患者早1天半痊愈。

研究人员指出,只要感冒患者坚信某种安慰疗法,即使是喝鸡汤或者是吃维生素C,也能帮助他们痊愈。这项研究支持了医学界的一种说法,即对治疗的信心和感觉是至关重要的。在慢性疼痛、抑郁症、炎性疾病甚至癌症的治疗中,安慰疗法都能显现一定的作用。（洪　梅）

小贴士二十六

感冒可使患癌症的机会减少

国外医学研究发现,每年患一次以上感冒的人患癌症的机会是难得患感冒的人的1/5。原因何在？研究者认为,感冒病毒侵入人体后,身体会发生免疫反应,动员自身的防御系统来抵抗病毒感染。此时体内会产生一种叫做干扰素的物质,它既能保护正常细胞免受病毒感染,抑制病毒繁殖,还能摧毁癌变细胞,增强机体对癌细胞的抵抗力,从而使患癌症的机会减少。

因此感冒时,不要急于吃药退烧,除非出现高烧症状。因为体温在38℃时,机体的免疫系统最活跃。　　　　　　　　（晓　捷）

小贴士二十七

感冒有时会"伤"心

感冒这个看似普通的小病，稍不留神有时也会酿成大疾。除了感染在局部蔓延，引起中耳炎、支气管炎和肺炎之外，更严重的是病毒性感冒有时还会引起心肌炎。

心肌炎是个预后比较凶险的疾病，患者大多为隐匿性发病，缺乏典型症状，很易被忽视。因此，若感冒后 1～3 周内出现胸闷、心慌、气短等不适感觉，用自身的基础疾病不能解释，不要以为是感冒没好，一定要引起足够的重视，尽快就医。有统计资料显示，每次感冒流行后约有 4% 的患者出现心肌损害病症。

病毒性心肌炎目前尚无特效治疗方法，主要是采取休息、抗病毒、营养心肌及提高免疫力等综合治疗措施。　　　　　　（宜　言）

小贴士二十八

健脾和胃，按摩中脘穴

中脘穴位于上腹部，在前正中线脐中上 4 寸处，是四条经脉的会聚穴位，具有健脾和胃、补中益气之功。双掌重叠或单掌按压在中脘穴上，顺时针或逆时针方向缓慢行圆周推动。

注意手下与皮肤之间不要出现摩擦，即手掌始终紧贴着皮肤，带着皮下的脂肪、肌肉等组织做小范围的环旋运动，使腹腔内产生热感为佳。操作不分时间地点，随时可做，但以饭后半小时做最好，力度不可过大，以免出现疼痛和恶心。　　　　　　（谊　人）

小贴士二十九

小穴位治大病

足三里是长寿穴 用掌心盖住自己的膝盖骨，五指朝下，中指尽处便是足三里穴。它的功能非常强大，既能改善体质，又能治本。可以说，它是一个长寿大穴。如果想增强体质，或者说您的病很多，但不知道如何下手，那就按足三里穴。如果您的肠胃功能有了问题，老是有腹胀、腹痛等，这时按足三里肯定会有效。

揉腕谷穴治糖尿病 在我们的手掌根下有一条掌横纹，侧面有一根骨头，这根骨头前边的凹陷就是腕谷穴。揉的时候，要贴着骨头揉才有感觉，功效才能出来。腕谷穴是治疗糖尿病的要穴。因为糖尿患者的小肠功能是紊乱的，而腕谷穴又是小肠经的一个原穴，它可以调整小肠的功能，对治疗糖尿病有很好的效果。

有风湿症的人，揉腕谷穴效果也很好，腕谷穴可以靠通二便（大便、小便）来祛湿。腕谷穴还可以治疗便秘。

养老穴防治老年病 左手手心朝下，平放在胸前，右手食指按在左手腕关节高出的那块骨头上，然后左手往里一翻，右手食指就跑到一条缝里面去了，这个缝就是养老穴。

养老穴对血压高、老年痴呆、头昏眼花、耳聋、腰酸腿痛等所有的老年病都有作用，能很好地改善身体的微循环。 （宋连仲）

小贴士三十

以指代针治呃逆

1. 用双手拇指按压患者攒竹穴（双眉内侧凹陷处）向内逐渐均匀用力，同时让患者作吞咽动作，约 1 ~ 3 分钟，以患者自觉局部酸

胀痛为度，呃逆即止，每天1次。攒竹穴属于足太阳膀胱经，具有散风镇痉的功效。

2. 屈右手大拇指（指甲长须剪之），以指甲贴患者喉部，指端着天突穴（胸骨上窝正中），直向下逐渐均匀用力（勿斜向里），让患者同时作吞咽动作，约1～3分钟，以患者自感局部酸胀为度，呃逆即止。为巩固疗效，再坚持1周。天突为任脉和阴维脉之会穴，具有宽嗝和胃，降逆调气的功效。

（胡 松 李 萍）

按摩两穴位可治口臭

老年人口臭多与脾胃积热、湿浊上侵有关。平时按揉手上的两个穴位，就可以起到清热泻火、消除口臭的作用。

大陵穴 大陵穴位于手腕的腕掌横纹中点处。大陵穴为健脾要穴，按摩大陵穴能泻火祛湿。用左手拇指按压右手的大陵穴，时间3～5分钟，然后左右交换。按摩时应稍用力，以感到酸胀微痛为宜。

后溪穴 后溪穴位于小拇指的根部外侧，手掌横纹向外的尽头交际处。按摩时可微握拳，以另一只手拇指掐揉5分钟，以感到轻微酸痛为佳，之后再按摩另一侧。还可以把双手后溪穴的这个部位放在桌子沿上，用腕关节带动双手，轻松地来回滚动，亦可达到刺激效果。

老年人出现异常口臭，最好及时去医院查明原因。 （樊 林）

小贴士三十二

常按腋窝延缓衰老

作为"人体三大保健特区"之一，腋窝的保健作用至关重要。经常自我按捏腋窝，可起到舒筋活血、延缓衰老的作用。

首先，常按腋窝可促进全身血液回流通畅，提高气体交换能力，使全身器官享受更多的养分和氧气；其次，可增强肺活量，提高呼吸系统的功能；再次，可使体内代谢物中的尿酸、无机盐及多余的水分顺利排出，增强泌尿功能。此外，腋窝处有一个重要穴位，中医定名为极泉穴，它的标准部位在腋窝顶点的腋动脉搏动处。用拇指指肚轻擦极泉穴，有宽胸宁神的功效。

具体按摩腋窝的方法有两种：一是按压，用左手按右腋窝，右手按左腋窝，反复揉压直至出现酸、麻、热的感觉。二是弹拨，抬高一侧手臂，把另一只手的拇指放在肩关节处，用中指轻弹腋窝底，可时快时慢变换节奏。两种方法都可以早晚各1次。

按摩时一定要注意方法得当，运用腕力，切忌用暴力勾拉。同时也应注意将指甲剪短，避免触伤皮肤及血管神经。　　　　　　（冰凌）

小贴士三十三

照顾好"保命穴"

鱼际，简单理解就是鱼腹。摊开手掌，在手掌心靠近大拇指的地方，皮肤颜色泛白，肌肉隆起，叫大鱼际，大拇指根部和手腕连线中点，就是鱼际穴。

别小看了这个穴位，它可有着"保命穴"之称，多按摩鱼际穴对健康大有好处。老年人常出现小便短少的情况，可以对鱼际穴进行敲击，从而得到缓解。此外，按摩鱼际穴，对因过度使用电子产品造成

的"鼠标指"有很好的治疗作用。同时，配合按摩其他穴位还能治疗咳嗽、咽喉肿痛、口干舌燥等。

按摩时，可以用另一只手的大拇指在鱼际穴附近上下推动，或双手鱼际穴互相敲击，至掌侧发热即可。按摩的次数应根据身体状况决定，一般每天1～2次，时间控制在10分钟左右。久病体虚及患慢性病的人，可适当增加按摩的次数，按摩时力度要适中，不要急于求成。

（木 易）

小贴士三十四

抑郁症揉膻中穴

抑郁症是现代中老年人常见的精神疾病，经常点揉膻中穴可以有效地缓解这一病症。

膻中穴位于人体两乳头连线中点。具体操作为：取仰卧位，身体放松，自然呼吸，以拇指或食指对膻中穴点揉，力度以出现酸痛感为最佳，每点揉1分钟，再用手指顺肋间隙由里向外梳理胸肋半分钟，交替进行，每次操作10～15分钟，每天2～3次。饱食时要慎用此法。

（宜 人）

小贴士三十五

嗓子干多按两穴位

天气干燥，上火导致嗓子干痒疼痛，咽炎、喉炎及扁桃体炎便乘虚而入。对付嗓子干，按摩大椎穴和天突穴有不错的效果。

大椎穴位于脖颈后正中线上，取穴时正坐低头，颈部下端，第七颈椎棘突下凹陷处即为大椎穴。中医认为，大椎穴统领一身的阳气。按揉大椎穴能补充人体阳气，增强抵抗外邪的能力。此法可以预防上呼吸道感染，防止嗓子干痒，对肺功能有明显的改善与调节作用。

具体方法是：中指端按揉，或用拇指与食、中、无名等指作对称用力，捏挤大椎。每次按揉15分钟左右，每天可按揉1～2次。还有一种方法是洗澡时，用温热的水流冲击大椎穴，就如同温灸一样，也能起到通经散寒、提升阳气的作用。

天突穴位于颈部，当前正中线上，两锁骨中间，胸骨上窝中央。此穴为人体任脉上的主要穴道之一，按摩此穴对咽喉大有裨益，可以防止嗓子干燥、发炎。按摩时，可以同时做吞咽动作，配合呼吸，将唾液吞咽下来，也可以进行热敷。

（思　文）

小贴士三十六

"推腹法"治疗慢性病

当慢性病老是不愈，但又不知病因何在、如何治疗的时候，那你就去寻找这个腹部的阻滞点，只要把它推开揉散，就会发现你的慢性病也可能随之消失了。

推腹就是用手指、手掌，从心窝向下推到小腹。每天早上起床推一次，晚上临睡推一次。如果推腹时在某个部位发现阻滞点，那就一定要赶紧将它推散揉开，因为那将来必是个隐患。

推腹法其实就是最简单的一种穴位按摩方式，初学者不知道自己身体穴位的位置，因此用这种推腹法就可以将自己的任脉、部分胃经和部分肾经统统地按摩一遍。"推腹法"是一种举手之劳的健身方法，何乐而不为呢？

（阿　幸）

小贴士三十七

落枕扳扳大脚趾

早上起床发现自己落枕了，这时旋转脚趾可以缓解疼痛。把落枕侧的脚抬起来，将大拇脚趾掰开，按顺时针或逆时针的方向慢慢地按

摩、旋转，每秒钟转一圈，直到有胀痛的感觉，落枕便可获得缓解。按摩旋转大约需要 10 分钟，以感到脖子疼痛为宜。

（晓　莫）

小贴士三十八

血液黏稠了怎么办

当检查发现血液黏稠度较高时，应该采取必要的措施，防患于未然。首先是科学饮水。一夜睡眠后的失水和消化食物时消耗水，特别是夏季汗多，都可使血液变稠，而科学饮水可使血液即刻稀释。最好在早晨起床后和每日三餐前 1 小时，以及就寝前各饮水 200 毫升。

多吃具有稀释血液功能的食物。具有类似阿司匹林的抑制血小板聚集、防止血栓形成的食物有黑木耳、洋葱、西红柿、柿子椒、香菇等蔬菜，以及红葡萄、橘子、草莓、菠萝和柠檬等水果；具有降脂作用的食物有芹菜、胡萝卜、紫菜、海带、玉米、芝麻、燕麦和山楂等。血液黏稠者，日常饮食宜清淡，少吃高脂、高糖类饮食，多吃鱼类、新鲜蔬菜和水果，以及豆类和豆制品。

在药物方面，对于没有阿司匹林禁忌症者，可口服阿司匹林每日100 毫克；丹参片、银杏叶片等也可酌情选用。　　　　（逸　文）

小贴士三十九

女性缺钙更易患糖尿病

美国塔夫茨—新英格兰医疗中心的阿纳斯塔西奥斯·皮塔斯博士等在长达 20 年的跟踪调查中，发现钙摄入量高的妇女比摄入量低的妇女患糖尿病的风险低 21%。

分析认为，缺钙的女性大多处于绝经期或产后阶段，内分泌容易紊乱，使胰岛素分泌受到影响。加之此期的女性活动量少，容易发胖，

情绪又不稳定，这些都可成为糖尿病的诱因。

除此之外，钙在胰岛素的分泌中也具有至关重要的作用——只有钙离子通过胰岛细胞表面的钙通道进入胰岛 β 细胞内，β 细胞才能分泌胰岛素。可见，缺钙势必要影响胰岛素的分泌，从而增加患糖尿病的危险。

（应 秋）

小贴士四十

阳光可缓解哮喘

澳大利亚研究人员将患有哮喘的试验鼠暴露在阳光中，每次接受 15 ～ 20 分钟的照射。一段时间后，这些老鼠体内会产生一种细胞，能抑制并缓解哮喘症状的发生。此外，没有患哮喘的试验鼠如果每天接受阳光照射，其患哮喘的概率将大幅下降。研究人员希望通过这项研究，能证明阳光作为环境因素之一，对慢性疾病的预防和治疗有重要影响。这个研究还有一个重大突破：它解释了为什么和 50 年前相比，现代人患哮喘的概率大大增加了——因为缺乏阳光照射。 （刘富章）

小贴士四十一

防哮喘少吃盐

英国呼吸疾患专家一项新的研究表明，过量摄入食盐不仅会诱发高血压，而且能加重哮喘。研究人员指出，高敏感的支气管平滑肌对钠是可渗透的。钠对支气管收缩的作用与它对血压的作用基本类似。美国科学家的试验研究也证明，随着年龄的增长，人体对食盐的敏感性增高。因此，老年哮喘患者在日常饮食中更应注意限制食盐的摄入量。

（于长学）

小贴士四十二

打太极拳能延缓老年痴呆

美国伊利诺伊州大学的研究者们将号称世界之拳的太极拳用于老年痴呆症的治疗。他们在一份研究报告中指出，在专家指导下练习太极拳，同时配合其他治疗手段，在延缓老年痴呆的发展方面能起到与服用特殊药物同样的效果。

负责该项研究的护理学教授桑·伯格纳认为，太极拳讲究心神合一，形体与意念自然配合。练拳时能在身体运动的同时，寻找到意识与肢体的平衡与融合，有利于改善和修复高级神经中枢的功能，从而可延缓老年痴呆的发展。同时，打太极拳还能提高人体动作的平衡性和协调性，对神经系统也是很好的锻炼。

研究认为，太极拳尤其适用于痴呆症的初期患者，甚至可能成为初期患者药物治疗的一种替代疗法。

（孙　吉）

小贴士四十三

悲观的人易患痴呆症

美国明尼苏达州梅奥诊所的研究人员，对 1962～1965 年居住在诊所附近的 3500 名男女居民的医学档案进行了分析研究，这些人均接受了标准化人格测试和寿命预期测试。2004 年，研究人员又对这些受试者及其家庭成员进行了调查。

结果显示，在标准化人格测试中悲观方面得分较高者，在以后的 30～40 年内患痴呆症的危险会增加 30%，而在焦虑和悲观方面得分均高者，这一危险会增加 40%。

（陈思之）

小贴士四十四

长期便秘易患痴呆症

澳大利亚学者研究发现，80%的老年痴呆症与便秘有关。

人体肠道细菌能将未消化吸收的蛋白质分解成氨、组织胺、硫醇和吲哚等有毒物质。通常情况下，这些有毒物质可随大便排出体外。而长期便秘者则不能及时排除这些有毒物质，致使这些毒物被吸收入血。当血液中的有毒物质超过肝脏的解毒能力时，这些有毒物质则会随血液进入大脑，损害中枢神经，久而久之则可能导致老年痴呆。

（李增福）

小贴士四十五

日光疗法治疗皮肤癌

芬兰的一家医院首次利用太阳光来治疗浅表型皮肤癌及一种癌前皮肤病变——光化性角化病。

日光疗法与目前普遍用于治疗皮肤癌的光动力疗法相比，有操作更简便、效果较好等特点，为浅表型皮肤癌及光化性角化病的治疗提供了新途径。

在光动力疗法中，涂抹在癌变部位的预处理药物与特定波长的红光发生化学反应，产生能杀死癌细胞的活性氧。而这家芬兰医院采用的日光疗法，则以太阳光代替红光。预先涂抹药物后，患者需在户外接受阳光照射2个小时以上，使日光对癌细胞产生杀伤作用。在治疗过程中，患者还需在健康皮肤上涂抹防晒霜作为保护。 （高璎璎）

小贴士四十六

夜尿有助于降低患膀胱癌的风险

美国国家癌症研究所一项研究显示，保持夜里起床小便的习惯有助于降低患膀胱癌的风险。参与这项研究的科学家德布拉·西尔弗曼在研究报告中说，每夜小便至少两次的人，罹患膀胱癌的概率要降低40% ~ 50%。科研人员在对884名近期被诊断为患膀胱癌的患者进行跟踪调查后发现，平均每天喝1.4升开水，在夜里至少小便两次的人，患膀胱癌的概率要比每天喝水不足0.4升，并且夜里不起床小便的人低80%。

在吸烟者中，夜里不小便的人要比不吸烟者患膀胱癌的风险高7倍，但如果吸烟者有夜里小便习惯的话，他们患膀胱癌的风险可降低一半。报告指出，憋尿可增加尿中致癌物质对膀胱的作用时间，因为保持夜尿习惯不仅能排出身体内的代谢产物，而且对泌尿系统也有净化的作用，可减少膀胱受到尿液中致癌物质的伤害。

另有报道称，多喝开水也可起到预防膀胱癌的效果。美国哈佛大学研究人员对近5万名40 ~ 75岁的美国男性进行了10年的追踪研究，发现每天喝6大杯白开水的男性，与那些只喝1大杯者相比，患膀胱癌的危险性减少了一半。

（顾世显　项觉修）

小贴士四十七

"掀衬衫法"防驼背

美国加州运动医学专家苏克提供了一种新的走路健身方法——"掀衬衫法"。此法可以拉伸脊柱，防止出现弯腰驼背的姿态。

方法：交叉双臂于腰前位置，然后慢慢上抬至下巴部位，就好像在脱套头衬衫一样，然后伸直双臂，到达顶点位置后缓缓放下手臂，让肩膀复位。反复多次。

（王庆珍）

小贴士四十八

泡脚去五病

脚汗脚臭 取枯矾 10 克，苦杏仁 30 克，白萝卜 100 克，加水煎煮之后熏洗双脚，每天 1 次，每次 15 分钟。有除汗祛臭的功效。

足拘挛 中风后遗留的肢体硬瘫，屈伸不利。取伸筋草、透骨草、红花各 10 克，加水煎煮后倒入盆中，浸泡患处。在浸泡过程中配合对患足进行按摩，做自主活动。每天 1 次，每次 20 分钟。有活血通脉的功效。

足跟痛 多与足跟骨骨刺、外伤、寒湿等因素相关。取红花、独活、怀牛膝、当归各 15 克，加水煎煮后倒入盆中，添加温水和食醋后浸泡双脚。浸泡中配合足跟部位进行轻柔的按摩。此外，每晚睡觉前用毛巾蘸取药液后拧干，外敷于足跟疼痛处，外面用塑料薄膜包裹，保留一夜，早晨取下。有活血止痛的功效。

足皲裂 取地骨皮、白芨、黄精、黄柏各 20 克，加水煎煮后泡脚。泡软后用消过毒的刀剪修去开裂处的硬皮、厚皮，涂上润肤乳液，以促进伤口愈合。有养血润肤的功效。

足癣 取马齿苋、土茯苓、石榴皮、蛇床子各 15 克，加水煎煮后泡洗患处。浸泡后擦干足部，如有皮肤破溃处，可用消毒纱布包裹，用胶布固定包扎。有杀菌止痒的功效。

（刘　择）

小贴士四十九

揉膝盖，防损伤

对于老年人来讲，骨钙流失加快，骨质疏松的发病率逐渐升高，与此相关的膝关节病的发病率也随之升高。已经患有膝关节病的老年人，应避免剧烈运动，尽量不要做爬山、爬楼梯运动，跑步时最好让脚掌的前半部分先着地，这样可以缓冲腿的震动，防止膝关节损伤。

膝盖不好的老年人，可以利用一切时间进行按摩。比如坐下时，可以采用两手扶膝的姿势，两只手的手心正好护在膝盖上，双手按住双膝的同时，进行按摩，向外按摩膝盖骨周围 36 圈，再向内按摩 36 圈，以膝关节内有热感为佳；用拇指尖按压两侧内膝眼 10 下，再按两侧外膝眼 10 下；用拇指尖在膝盖骨周边找压痛点，在压痛点上点按，每一压痛点压 5 ~ 10 下；一手将膝盖骨固定，另一手握拳，用拇指关节背侧突出部位压在膝盖上，向外、内各按摩 10 ~ 20 圈。（征　宸）

小贴士五十

保护腰椎注意细节

腰是身体的重要部位，大部分人都经历过闪了腰的困扰。老年人骨关节退化，腰部肌肉力量逐渐减弱，使腰椎不堪重负。为了避免损伤腰椎，应注意生活细节，养成护腰的习惯。

咳嗽时双手叉腰　打喷嚏或者咳嗽的时候，腰部会突然收紧，此时特别容易使腰部受伤。叉腰的动作能帮助稳定腰椎。

做家务把案板垫高　洗漱时膝部微屈下蹲，然后再向前弯腰，可以减小腰椎间盘所承受的压力。常用的灶台、洗碗池、案板的高度以操作时稍弯腰为宜。腰痛严重的朋友可对生活用品进行改装，比如使用较长的拖把或跪在地上擦地板、将案板加高等。

走路时少拎东西　尽量减轻手袋的重量，过重的手袋会增加腰椎

的压力,从而增大腰痛的风险。搬重物前要先活动一下腰部,量力而行,搬重物时用力不要过猛,最好采用蹲姿。

坐硬背椅子,并准备靠垫。挑选一把这样的椅子:椅背坚硬,在腰部的位置向前凸出。坐板凳时尽量挺直腰部。座位的高度应以大腿与上身的角度大于90度为宜,正确坐姿应为直腰、含胸。靠背下方最好放一软垫,可使腰椎保持生理曲度。

此外,针对腰部做些活动,如转腰、弯腰。转腰时以腰为轴,胯部按顺时针方向水平匀速缓慢旋转,然后再按逆时针方向旋转,各10 ~ 30次,然后弯腰,腰部前屈后展各10次左右。　　　　　（宁　远）

小贴士五十一

五目法护眼

温目　晨起或睡前,静坐闭目,双手摩擦,感到发热后抚于双眼,待手恢复常温后,如此反复,可通经活络,改善眼部血液循环。

运目　站于窗前2 ~ 3米处,双眼依次注视四窗角,先顺时针再逆时针转动眼球,反复交替可舒筋活络,改善视力。

浴目　将菊花、大青叶、桑叶、竹叶之类中药煎水,先以蒸汽熏眼,待水温后,再以药水洗浴双眼(闭眼)。此法可清热、消炎、明目。

摩目　闭目,以双手的中、食二指适度按压双眼球,可略加旋转。此法对老年青光眼患者最为适用。但患眼病或做过眼部手术的人,一定要在医生指导下进行。

极目　身体直立,两目放松,平视远处,如树梢、塔尖或山峰等。1 ~ 2分钟后,逐渐将视线移近,直到眼前1尺左右,注视约1分钟,然后再将视线由近而远移到原来的目标上,如此反复,有益眼睛健康。

　　　　　（笑　文）

小贴士五十二

定时揉腹治胃痛

胃肠功能不好的人，在下午 1 ~ 3 点这个时间段揉揉肚子，促进消化的效果最好。

小肠的功能是吸收被脾胃消化后的食物精华，然后把它分配给各个脏器。按揉肚子可以促进消化。另外，按揉肚子上的中脘穴 (脐上 4 寸) 可主治胃痛、腹胀、呕吐等脾胃病症。因此，消化功能不好，还常坐的人，可在下午 1 ~ 3 点用手轻轻按揉肚子，每次按揉以 30 ~ 60 次为宜。

（文 翠）

小贴士五十三

吃苦药别加糖

一般的药都苦，特别是中药更苦。有些人吃药怕苦就加糖，岂知加糖虽然能解苦，但也降低了药的疗效。

据药学专家介绍，苦是药的特性，因其是由多种化学元素构成的。如果加糖，特别是红糖，其中含较多的铁、钙元素，易与药物成分起化学反应而影响药效。而且苦药能刺激消化腺的分泌，有利于药的吸收，从而增强了治疗效果，正可谓良药苦口利于病。

小贴士五十四

吃药不要一把吞

有人常常同时吃多种药物，这无形中增加了药物不良反应的发生，尤其是常吃阿司匹林的人，不要与治疗心脑血管疾病的银杏叶制剂和抗凝血药物华法林一起服用，否则会增加出血的危险。阿司匹林与抗炎镇痛药物如布洛芬也不能一起服用，会有胃肠道出血的危险。

（王玉昆）

小贴士五十五

开塞露使用不当可致危害

开塞露的主要成分为甘油和山梨醇，作用为润滑并刺激肠壁，软化大便，使其易于排出，主要用于便秘的治疗，为乙类非处方药品。开塞露在使用前须将导管剪开，若剪得不平整，口成尖锐状，插入肛门时又用力过猛、动作粗暴，则极易刺伤直肠。直肠刺伤后引起的主要危害是直肠出血，若继发感染，严重者可形成肛周脓肿、肛瘘。

（杨继鹏）

小贴士五十六

黄连素可抗心律失常

黄连素在临床上一直作为清热解毒、广谱抗菌类药使用。近年来发现它又是一种低毒的抗心律失常药物，并已应用于临床。

动物实验证实，黄连素具有抗心律失常、强心、减慢心律及降压的作用，临床上也已证实，它还克服了一些抗心律失常、抑制心肌收缩力等缺点。

我国有资料报道，黄连素可用于不同类型的心律失常患者，包括室早、房早、房性连接处早搏、阵发性房颤、慢性房颤、阵发性室上性心动过速（其病因包括冠心病、高血压、心肌病、风心病等），总有效率为 77.78%。对顽固性心律失常、肺性心律失常的治疗也同样取得了满意的疗效。

（吴国隆）

小贴士五十七

维生素 D 有防癌作用

美国研究人员对近年来有关维生素 D 与癌症之间关系的研究进行分析后得出结论，维生素 D 可减少罹患结肠癌、乳腺癌和宫颈癌的

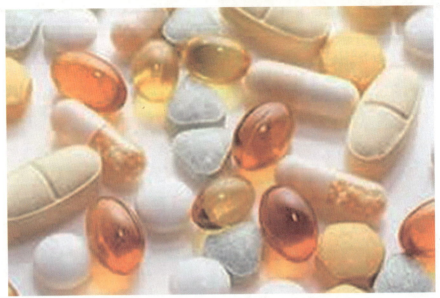

危险。

美国研究人员在对全球 1996 ~ 2004 年间 63 项研究进行分析后发现，缺乏维生素 D 每年可能导致数千名结肠癌、乳腺癌和宫颈癌及其他癌症患者过早死亡。

人体皮肤经日晒可合成维生素 D，天然食品牛奶中也含有维生素 D。对于日照不足地区的人们来说，可考虑适当服用维生素 D，但不能超过每日 1000 国际单位，因为过量服用会导致维生素 D 中毒。

小贴士五十八

补钙和维生素 D 可防中老年女性发胖

美国凯泽·珀默嫩特医疗组织的研究人员将 3.6 万名年龄在 50 ~ 79 岁补充过或者从未补充过钙和维生素 D 的女性志愿者分为两组，其中一组每天补充 1000 毫克钙和 400 国际单位的维生素 D，另一组为安慰剂对照组。研究人员连续 7 年都对她们的体重进行测量和登记。结果显示，每天按标准补充钙和维生素 D 的女性比对照组女性

体重要轻。对那些此前从未补充过钙和维生素 D 的中老年女性来说，这种效果更为明显。

研究人员分析后认为，可能是由于钙和维生素 D 能促使人体中的脂肪细胞衰减，并阻止新的脂肪细胞生长，从而能有效地控制体重增加。

（顾世显）

小贴士五十九

过量补充维生素 E 有害

认为补充维生素 E 可延缓衰老和保护心血管、预防心脏病的观点由来已久。可最新研究发现，大量补充维生素 E 可能会适得其反，危害身体健康。

该项研究重新分析了 1993 ～ 2004 年间 19 项有关维生素 E 和人体健康关系的研究结果。这些研究调查了北美、欧洲和亚洲共 13.6 万人的情况，他们多为老年患者，单服维生素 E 片剂或者服用含维生素 E 的复合维生素药片。

营养学专家建议，均衡饮食每天所包含的维生素 E 量应为 15 ～ 30 个国际单位。如果能从食物中摄取足够的维生素 E，服药补充则毫无必要。坚果、植物油、全谷食物和绿叶蔬菜中都含有维生素 E。

（申 生）

小贴士六十

有效补钙四要点

每 500 克大米含钙量为 35 ～ 280 毫克，面粉含钙量较多，为 100 ～ 345 毫克。可见，仅靠主食摄取钙远远不能满足人体对钙的需要，因而必须要从副食中去弥补。

牛奶是最好的补钙食品。300 毫升牛奶含 300 毫克钙，且吸收率高。

牛奶还是一种优质蛋白质，能改善血管弹性，有预防高血压和中风的作用。

注意食物中钙磷的比例。对钙的吸收利用率影响较大的是钙磷的含量比例。当钙和磷的比例在 1 ∶ 1 至 1 ∶ 2 时，钙的吸收率最高。在食物中，钙磷之比在此范围内的以水产品最佳。

宜在睡前补钙。夜间入睡后不进食物，人体血液中仍需要一定数量的钙，需要部分从骨骼中索取。另一方面，由于就寝时人体的含钙量较低，因此，临睡前摄取钙质很快就能被吸收。

减少食物中的草酸成分。食物中的草酸可与钙结合成不溶性的草酸钙，影响钙的吸收。因草酸易溶于水，故在食用菠菜、苋菜、竹笋等富含草酸的食物时，可用水浸或用开水焯一下，以减少食物中的草酸含量。

小贴士六十一

补钙有助于防治高血压

人们都知道补钙可防治骨质疏松，但补钙的作用并不仅限于此。有研究表明，补钙还有助于防治高血压。

研究者给轻中度高血压患者补钙，结果发现，2 个月后有 44% 的患者血压恢复正常。老年高血压患者更为明显，补钙 10 天后，血压即开始下降。

补钙的方式，除了适当服用钙制剂外，含钙食品也对防治高血压大有裨益。其中以牛奶及奶制品最好，它不但含钙丰富，而且吸收率高。有资料显示，牛奶销售量高的地方，高血压发病率相对较低，说明饮用牛奶确实有益于防治高血压。

（晓　吉）

小贴士六十二

维生素P和维生素PP

维生素P又叫芦丁或路通，有降低血管脆性和血管通透性，以及增强维生素C活性的作用，能预防脑出血、视网膜出血和皮肤紫癜等出血性疾病。它存在于糙米、大豆、硬壳果类中，并与维生素C共存于柑橘、葡萄、山楂和番茄等新鲜水果和蔬菜中。

维生素PP又叫维生素B_3或烟酸，在人体内还包括其衍生物烟酰胺。它与人体内40多种生化反应有关，对新陈代谢很重要。烟酸有扩张血管的作用，常被用来治疗脑血管痉挛。烟酰胺没有扩张血管的作用，但可防治一种被称为糙皮病、癞皮病或烟酸缺乏病的怪病。它存在于猪肝、牛肝、鸡胸肉、沙丁鱼等动物性蛋白和杂粮中。偏食、酗酒或处于治疗期的结核患者，应警惕维生素PP缺乏。

（伊　文）

小贴士六十三

服用维生素C不能预防感冒

最近，澳大利亚和芬兰科学家研究发现，大部分人长期服用维生素C并不能预防感冒。

澳大利亚国立大学和芬兰赫尔辛基大学的科学家在最新的报告中指出，他们对1940～2004年间55项分析维生素C作用的研究进行了考察。其中23项调查显示，对一般人来说，长期定量服用维生素C并不能降低患感冒的概率。

科学家建议，公众必须走出维生素C预防感冒的误区。　（申　生）

小贴士六十四

维生素C会和碱性药物"打架"

在服用胃舒平等具有碱性作用的溃疡药时,应该和维生素C"错时"服用,即在服用溃疡药2小时以后再服用维生素C。因为溃疡药在体内通过2小时的代谢,已经完全被吸收,不会再和维生素C"打架"了。

同样,维生素C也不能与氨茶碱等碱性药物合用,维生素C与氨茶碱同服,可使氨茶碱离解度增大,不易被肾小管吸收,造成排泄量增加,血氨茶碱浓度下降。维生素C亦不宜与其他碱性药物合用,如碳酸氢钠、谷氨酸钠等。此外,含铜、铁离子的溶液也不宜与维生素C同时服用。

（邬时民）

小贴士六十五

不宜大量服用维生素A

美国波士顿大学医学院的科研人员发现,60岁以上的老年人服用大量的维生素A会使肝脏受到损害,还可引发其他一些疾病。

科研人员对562名60岁以上的老年人进行了测试,在一些长期服用维生素A的老年人血液中,发现了引起高血压的物质——维生素A醛酯。这种物质能损害肝脏和肾脏,并导致骨关节疼痛,还可引发一些皮肤病以及头痛。

因此,科研人员认为,60岁以上的老年人不宜服用大量的药用维生素A,补充维生素A的最好途径是饮食,动物肝脏和蛋黄内含丰富的维生素A,绿叶和红黄色蔬菜中的胡萝卜素,吸收到人体后可转变成维生素A。

（刘雪梅）

小贴士六十六

按需食补维生素

胡萝卜补维生素 A 维生素 A 等抗氧化物质具有防癌、抗衰老及降低心肌梗死与中风发病率的功能。只要平均每星期吃 3 根胡萝卜，即可保持体内维生素 A 的正常水平。此外，柑橘、蛋黄等也含维生素 A。

鲜枣补维生素 C 每 100 克鲜枣中维生素 C 含量高达 540 毫克，每人每天吃上 3～5 枚鲜枣即可满足对维生素 C 的需求。可与鲜枣媲美的是番茄，也是很受专家们推崇的保健食品。

菇类补维生素 B 菇类有"天然维生素宝库"的美称，B 族维生素含量尤为丰富。

茄子补维生素 P 维生素 P 能保护血管，防止出血。在所有天然食品中，茄子含维生素 P 最多。

洋葱补前列腺素 日本专家特别将洋葱推荐给中老年人，因为洋葱中所含的前列腺素可减低血管脆性，稳定血压，保护心脑血管。

（胡汉平）

小贴士六十七

维生素可防痴呆

由美国和北爱尔兰科研人员进行的研究表明，长期服用诸如维生素 E 和维生素 C 这样的抗氧化剂有助于降低患脑功能衰退性疾病的危险。研究显示，在美国，那些从饮食中摄入维生素 E 量最高的人群比摄入维生素 E 量最低的人群患早老性痴呆症的危险低 70%。维生素 E 的良好来源包括坚果、瓜子、菜油、全谷物、绿叶蔬菜和强化维生素 E 的谷类。维生素 C 则主要存在于水果和蔬菜，尤其是柑橘中。医学人员指出，只要使用得当并且就服用量与医生商榷，服用维生素 E 和维生素 C 补充剂是必要的。

（何丽娜）

小贴士六十八

复合维生素不能预防癌症

美国弗雷德·哈钦森癌症研究中心等机构的研究人员对16万名老年妇女进行了8年左右的跟踪研究，其中约42%的人都有服用复合维生素的习惯。在跟踪研究结束时，这些人中共有9619人罹患包括乳腺癌、肺癌、卵巢癌或胃癌在内的各种癌症，8751人罹患心血管疾病，另有9865人死亡。分析显示，不管是否服用复合维生素，被调查者患癌症和心血管疾病的风险基本上是一样的。

研究人员认为，从食物特别是从粗粮中吸取营养是有效的健身之道，而人造维生素补充剂则较难达到预防癌症和心血管疾病的效果。

（石　业）

小贴士六十九

维生素 B$_{12}$ 和叶酸可提高记忆力

澳大利亚国立大学一项最新研究发现，服用维生素 B$_{12}$ 和叶酸两年，可提高老年人的短时记忆和长时记忆。亚尼内·沃尔克博士表示，维生素对于改善衰老状况和增进智力健康提高具有重要作用，有利于老年人保持良好的认知能力。

此项研究中，研究人员让700多名60～74岁参试老人每天服用叶酸和维生素 B$_{12}$ 或者安慰剂。维生素剂量包括400毫克叶酸和100毫克维生素 B$_{12}$。参试老人不知道自己服用的究竟是维生素还是安慰剂。参试老年人都有一定的抑郁表现，但是没有一人确诊患有抑郁症。沃尔克博士表示，老年人抑郁症状越严重，日后认知能力损伤的危险就越大。

研究进行了12个月之后，"维生素组"和"安慰剂组"老年人在记忆力、注意力和速度等智力测试中基本没有区别。但是两年之后，"维生素组"老年人在记忆力测试中，成绩相对更好。

小贴士七十

拔牙会削弱记忆力

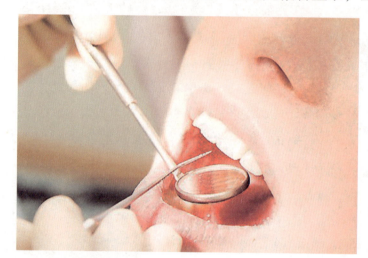

瑞典科学家最新公布的一项研究报告显示，当疼痛的牙齿被拔掉时，人的部分记忆也被"拔"掉了。缺牙人的记忆力比牙齿健全的人要差很多，缺牙可能是老年人易患失忆症的原因之一。

（吴　铭）

小贴士七十一

休息的误区

多躺就是休息　如果每天躺的时间过长，不但影响消化，减慢血液循环，长此下去还会腿脚笨重迟钝，加速衰老。

合眼就是休息　思想不定，神不守舍，满脑子胡思乱想，会更加疲劳。

娱乐就是休息　如果娱乐不当，狂欢无度，不但不是休息，反而对身体有害。

多睡就是休息　多睡不仅能降低新陈代谢，还会因卧室空气不好，导致大脑缺氧。

休息越多越好　休息时间的长短应该根据疲劳程度而定。多静少动并非好事，它可使机体功能逐渐减弱，免疫系统功能下降。（谷　雨）

小贴士七十二

玩玩具可防老年痴呆症

美国休斯敦大学健康与行为系严进洪教授提出，玩具并不是儿童的专利，老年人也应经常玩玩具，因为这样能够有效地预防老年痴呆症。他还建议国内企业应该加大老年玩具的开发力度。

严教授指出，老年痴呆症是由于大脑神经细胞病变而导致大脑功能衰退的一种疾病，玩玩具对于强化大脑具有重要的辅助作用。

老年人如果长期缺乏交流、沟通和倾诉，使精神得不到寄托，容易患上抑郁、焦虑症，甚至老年痴呆症。有研究发现，经常有玩具陪伴的老年人患老年痴呆症的概率要比其他老年人低50%以上。

（赵　祥）

小贴士七十三

生活中避免铝超标

铝不是人体需要的微量元素。体内含过量的铝，可导致老年痴呆，并可引起骨质疏松，以及给心、肝、肾和免疫系统带来损害。老年人由于排泄功能较差，更易使铝在体内蓄积，从而引起伤害。

人体摄入铝的途径，一是食品添加剂，如膨化食品、粉丝、油条和添加化学发面剂的馒头，以及加强筋剂的面粉等。另一途径就是通过家用厨具，如铝锅、铝壶、铝饭盒等，特别是用铝容器长时间存放酸、碱或咸食品更易使铝溶出。另外，用铝合金制成的易拉罐，在其内壁保护涂层不完整时，也易使铝溶入到饮料中。

避免体内铝超标，最主要的办法是少吃上述含铝食品，尽量少用铝容器长时间盛装食品，并且少喝易拉罐饮料。同时，要注意多吃含维生素C丰富的新鲜蔬菜和水果。

（晓　吉）

小贴士七十四

睡眠不足和过多均可使糖尿病的危险增加

美国波士顿医学院的专家报告称，每晚睡眠少于 6 小时或多于 9 小时，发生糖尿病和糖耐量异常的危险性增加。

与睡眠时间在 7 ~ 8 小时的受试者相比，睡眠时间 ≤ 5 小时者，糖尿病患病的危险增加 2.5 倍，糖耐量异常的危险增加 1.33 倍；睡眠时间为 6 小时者，患病的危险增加 1.66 倍，糖耐量异常的危险增加 1.58 倍；睡眠时间 ≥ 9 小时者，患病的危险增加 1.79 倍，糖耐量异常的危险增加 1.88 倍。

研究提示，限制睡眠会使血糖调节受损，在睡眠时间 ≥ 9 小时的受试者中可能存在某些未被诊断的潜在状况，这可能会导致糖尿病发病危险增加。

（孙 晓）

小贴士七十五

香火能致癌

来自中国台湾的一项研究表明，寺庙中敬供佛祖的香所产生的袅袅轻烟中隐藏着大量的致癌物质。台湾成功大学一个研究小组对台北一个寺庙里烧香产生的烟雾进行分析后发现，烟雾中含有一些能引发癌症的化学物质多环芳香烃 (PAH)，比正常室外空气中的 PAH 的含量高 19 倍，同时也比拥挤的交通路口空气中的 PAH 含量要高。研究

人员还发现，寺庙烟雾中含有高浓度的剧毒物质苯并芘，与吸烟家庭中的烟雾相比，寺庙烟雾中苯并芘的含量高出了 45 倍。

（王 增）

小贴士七十六

健脑活动可延缓脑力衰退

《美国医学会杂志》周刊报道的一项研究结果表明，健脑活动有助于延缓大脑衰老，而且进行 10 次健脑训练，大脑的反应和认知能力在今后的 5 年中都能继续受益。

参与测试的 2802 名志愿者来自美国 6 个城市的不同社会阶层和拥有不同文化程度，年龄为 65 ~ 90 岁，平均年龄 73 岁。训练结束 5 年后，研究人员对依然在世的 1877 名志愿者进行了对比测试。结果发现，接受记忆力训练的平均记忆能力比对照组强 75%；接受推理训练的平均推理能力比对照组强 40%；而练习大脑快速反应能力的比对照组强 300%。

研究人员说，尽管短期训练能取得良好效果，但持之以恒效果将更佳。同时专家们还建议说，健脑活动需要循序渐进，难度逐渐上升。你可以做填字游戏，也可以玩棋类游戏；如果你不喜欢做游戏，那你也得想想其他办法活动大脑。

（顾世显）

小贴士七十七

音乐有利于中风患者的脑部康复

来自芬兰的一项研究报告称，音乐有助于加快中风患者的脑部康复。赫尔辛基大学的研究人员以 60 名中风患者为研究对象，让一组患者每天都听自己喜欢的音乐，而另一组患者则不听任何音乐。60 名患者都受到了符合标准的康复治疗。在中风过后 3 个月，天天听音乐组患者的非文字记忆能力提高了 60%，而不听音乐组只提高了 29%。另外，研究还发现，在听音乐的患者中，有 17% 患者集中注意力的能力也有所改进，与不听音乐的患者相比，听音乐的患者心情会更好。

发表在英国医学季刊《脑》上的这份研究报告称，音乐疗法虽已

长期被应用于治疗各种疾病，而这项研究首次表明，在中风早期听音乐还可增强认知能力的恢复，预防消极的心态。（方留民）

小贴士七十八

吃药不该猛仰头

吃药时如果猛地仰头，很容易呛水。人呛着后出于本能反应，会剧烈咳嗽。这对患有气管炎、肺气肿等老年病的患者来说，可不是一件小事，它很可能导致胸闷、憋气等一系列呼吸困难症状，严重的还会导致大脑暂时性缺血而发生意识丧失，即咳嗽性晕厥。因此，吃药时最好动作能缓慢一些。

（邓　竹）

小贴士七十九

服药后别马上躺下

许多人有在晚上临睡前或卧床服药的习惯。服药后马上就睡觉，特别是当饮水量又少的时候，药物可能会粘在食管上，而不易进入胃里，有些药物腐蚀性强，就可能导致食管溃疡。正确的做法是：服药时坐着或站着，服药时多喝点水，一般是温开水 100～200 毫升送下，活动 5～6 分钟后再躺下休息。

（肖贤宝）

小贴士八十

反应快的人更长寿

英国的一项新研究对 7414 人进行了为期 20 年的跟踪调查，分析了受试者的反应速度与寿命的关联性。结果发现，与血压、锻炼水平或体重等因素相比，反应速度是健康长寿的"风向标"。那些反应迟钝、行为迟缓的人，过早死亡的危险比反应快者高 2 倍。

事实上，人的反应速度可以代表智力状况，而智力状况又是人体系统完整性，即人体健康的重要指标。

（心　田）

小贴士八十一

吃太饱大脑易早衰

时下，女人们为减肥美体常常"忍饥挨饿"，男人们为应酬总是吃得饭饱酒足，其实这都不利于身体健康。

日本科学家近期发现，长期"忍饥挨饿"会导致营养缺失，但是吃得太饱也会促使大脑早衰。因为人吃饱后，胃肠道血液循环增加，大脑供血却相对不足，使脑细胞正常代谢受到影响。

有关学者还证实，吃得太饱会让人脑内一种叫做纤维芽细胞生长因子的物质急剧增加，而这种物质是促使脑动脉硬化的元凶，脑动脉硬化则与老年痴呆相关。此外，学者还发现，大约20%的老年痴呆患者都是喜欢饭饱酒足的"美食家"。

（庞秀芬）

小贴士八十二

贪睡会加速身心老化

睡眠不足无疑会影响健康，但过分贪睡也同样不利健康，因为贪睡会导致体能下降，进而加速身心的老化。有关专家进行过一项调查，60～70岁老年人每天睡眠时间不应超过7小时，70岁以上的高龄老年人每天的睡眠时间不应超过6小时。

凡是每天睡眠时间超过9小时的老年人，不仅不会精力充沛，反而情绪相对低落，动作笨拙，甚至出现反常心理，并且越睡越懒。因此专家们建议老年人不要贪睡，即便不睡会感到疲劳，也应采取散步、聊天、唱歌等较为积极的方式休息或调节。

（吴廷山）

小贴士八十三

戒烟可改善动脉健康

美国威斯康星大学和公共卫生学院以及烟草研究和戒烟中心人员联合进行了一项戒烟研究，要求 1500 名吸烟者戒烟。戒烟方法包括使用尼古丁贴片、尼古丁口含锭、安非他酮等。一年后，36% 的人成功地把烟瘾戒除。

在研究开始之前和一年后，研究人员用超声波测试了动脉血管内壁舒张和血流调节舒张功能。对比结果显示，吸烟者戒烟一年后，其动脉血管舒张功能改善了 1%。研究人员说，这意味着罹患心血管疾病的概率会降低 14%。

（方留民）

小贴士八十四

睡眠时间得当可少患心血管疾病

美国研究人员研究发现，睡眠时间过短或过长均会提高患心血管疾病的概率。这项研究由美国西弗吉尼亚大学医学院的科研人员完成，研究涉及 3 万多名成年人。研究发现，每天睡眠（包括午休）5 小时或少于 5 小时的人要比每天睡眠 7 小时的人更容易患心血管疾病，前者的患病概率要比后者高两倍以上。此外，每天睡眠 9 小时或超过 9 小时的人患心血管疾病的概率也要高于每天睡 7 小时的人。

研究人员认为，即使考虑能引起心血管疾病的其他因素，如年龄、性别、种族、吸烟、饮酒、身高体重指数、锻炼情况以及是否患高血压和抑郁症等，睡眠时间仍与心血管疾病有一定的关联。

研究人员指出，这一研究结果表明，保持正常的睡眠时间对人体健康很重要，即便对身体健康者来说，不正常的睡眠时间也会提高患心血管病的概率。美国睡眠医学协会建议，成年人的理想睡眠时间是每天 7 小时至 8 小时。

（立　新）

小贴士八十五

常与鲜花为伴能减压

美国新泽西州立拉特格拉斯大学心理学教授珍妮特·莫里斯最新研究发现，花朵带来的良好情感体验能够减压。

在调查中，研究者走访了 150 名女性。他们给每位受访者带去不同的礼物，包括鲜花、水果和糖果，并观察受访者收到礼物后的反应。结果发现，女士们收到鲜花后最兴奋。此外，得到鲜花的女性在回答问题时，想法更积极、更正面。研究者又通过另外的试验发现，花卉还有助于拉近人与人之间的距离，使人展露笑容、喜欢交谈，还能促进认知功能，提高记忆力。

对此，研究者称，花卉通过颜色、气味、形态等作用于人的各种感官，激发出人们积极的情感，进而引起深层次的心理变化。当人们情绪低落时，找一大束非洲菊比吃巧克力还有用。因此，一个人若感觉心理压力巨大时，不妨把家装点成美丽的花园。

（岳立成）

小贴士八十六

护肾可以踮起脚

老年人肾气逐渐衰退，中医认为肾为"先天之本"，与骨骼、牙齿、耳朵关系密切，因此，老年人肾气衰退主要表现为双腿乏力、牙齿松动、听力减退等。有这些症状的老年人，不妨尝试踮脚走路。

踮脚走路时，前脚掌内侧、大脚趾起支撑作用，足少阴肾经、足厥阴肝经和足太阴脾经经过此处。因此，踮脚走路可以按摩足三阴。每天踮起脚走 10 分钟左右，可以达到刺激穴位的目的。但踮起脚尖走路有一定难度，尤其对于老年人来说，一定要循序渐进，一开始练习时最好身边有帮扶物。

踮脚走路时要走平地，穿软底运动鞋、平底鞋或防滑鞋，保持背部挺直、前胸展开的姿势，尽量提臀，微微踮起脚尖，脚后跟先离地，将身体重心转移到脚底外侧，随之再转移到脚掌下面接近脚趾根的部位，使身体处于放松状态，呼吸要有节奏，长期坚持，每次不可过量。患有重度骨质疏松的老年人，不建议踮脚走路。　　　　　　（莫 言）

小贴士八十七

白菜根煮水防脱发

感觉头发变得干枯、易脱落时，可用白菜根煮水洗发来防治。中医认为，白菜根性微寒、味甘，不仅生津润燥，而且含有维生素 C、维生素 E，有营养头发毛囊、改善发质的作用。另外，用白菜根煮水洗头，还可直接作用于头皮表层，起效更快、作用更强。

取白菜根切碎，加水 2000 毫升，文火煮 10 分钟，滤渣取汁，兑至常温洗发，并按摩头皮 2 分钟。　　　　　　　　　（赵永峰）

小贴士八十八

缓解背痛的简易疗法

枕头疗法　背痛在夜间会加重，如果睡觉时膝盖下方垫上枕头，就有助于减轻背部压力，缓解疼痛。

食物疗法　辣椒是天然镇痛剂，多吃点辣椒可以缓解或消除背痛。而大蒜有"天然抗生素"之称，可将蒜瓣捣碎榨汁抹在后背上，背痛就会消失。

运动疗法　有氧运动和力量训练有助于防止背痛。如跑步、游泳、健身操等。而对于因为运动不当导致的背痛，可通过瑜伽等拉伸运动缓解。

音乐疗法　很多情况下，背痛都是由于压力过大所致。可选择一些能够平静心情的轻松音乐，放松心情，减轻症状。

打坐和深呼吸疗法　打坐和深呼吸是一种有效的减压方法，在早晨或傍晚，选择一个较安静的地方，采用盘坐式，闭上双眼，集中精力，进入较深的意识状态，其效果和背部理疗一样好。　　　　（文　斌）

小贴士八十九

记住五个去火点

牙疼　去火点在足背。按摩足背第二、三趾间缝处是足阳明胃经去火点。每天按摩该处 2～3 次，每次 1～2 分钟，可缓解牙疼症状。

眼屎多　去火点在无名指。可用拇指指尖按摩无名指指甲旁靠近小指侧，每天 2～3 次，每次 1 分钟左右。

鼻火　去火点在手上。拇指根部肌肉明显突出部位为手太阴肺经去火点，可每天按摩 2～3 次，每次 3 分钟。

烂嘴　去火点在足第二趾。按摩二趾末节指甲靠近第三趾侧，每天 1 次，每次 100 下。

尿黄 去火点在足小趾外侧的趾甲旁，最好选择在下午 3 ~ 5 点进行，此为膀胱最活跃的时刻，每天按摩 2 次，每次 1 ~ 2 分钟。

（吴艳清）

小贴士九十

防健忘多做头部按摩

随着年龄的增长，不少人深受健忘的困扰。在此，教大家一招防健忘的自我按摩方法。

用两手的拇指和中指交替从两眉头之间的中点直推至发际，进行 10 次。再由发际直推头顶正中线与两耳尖连线的交点处，即百会穴，做 10 次。按压百会穴三个呼吸时长。做 3 ~ 7 遍。 （刘谊人）

小贴士九十一

饭前伸懒腰不长肉

有研究表明，每日饭前 70 秒伸伸懒腰，可以改善容易发胖的体质，有防止脂肪堆积的效果。这是因为伸懒腰时的动作会使人体的背部肌肉向上舒展，这样能够有效地刺激背部的脊柱起立肌群，这组肌肉群可以促进脂肪燃烧，并带动全身，让体内的燃脂机能运作起来。另外，还能起到活化内脏机能、加速新陈代谢的功效。 （刘谊人）

小贴士九十二

新衣先用盐水洗

买了新衣服之后，很多人拆开包装就穿在身上，这样不利于健康。因为新衣服有易皱的缺点，商家会使用少量甲醛除皱，如果处理过程不够严谨，或处理后清洗不净，甲醛分子由布料中释放出来，残留在衣物表面，这种致癌物质很可能引起咳嗽、流泪等反应，还可能致癌。所以，新衣服必须用食盐水浸泡清洗，高温晾晒后再穿。食盐具有消毒、杀菌、防棉布褪色的作用。

（简　洁）

小贴士九十三

饭后"三鞠躬"缓解胃胀

上了年纪，很多人都会遇到胃胀的问题。这是因为老年人本身消化能力减弱，胃动力差，食物积聚在胃底，就会有胀气等感觉。如果伴有慢性胃炎、胃下垂，症状会加重。有个小办法能缓解这种胃部不适，即饭后做一些弯腰的动作，能使胃部前倾，胃内食物进入胃窦，促进排空，加速消化。

具体做法是每天饭后弯三次腰，到达90度，幅度要够，动作不要快，缓慢进行，每弯一次保持1～2分钟。此外，饭毕半小时后，可以散步20～30分钟。坚持半个月，胃胀就会明显地缓解。需要提醒的是，患有胃食管反流病、反流性食管炎的人，不宜使用这种方法，血压高的老年人也要谨慎尝试。

此外，还有两个加剧胃胀的习惯一定要避免。一是饭后立即吃水果。因为水果会被先期到达的食物阻滞，致使水果不能正常消化。二是饭后立即饮茶。茶水中含有的单宁酸会影响蛋白质的吸收，增加胃的负担。

（晓　琪）

小贴士九十四

半夜醒来莫开大灯

褪黑激素是人体内的一种调节荷尔蒙，它能调节生物时钟，提高睡眠品质，晚间分泌量会增加。但晚上即使接触短暂的光线也能使褪黑激素分泌量减少，造成睡眠模式错乱。因此，当你半夜醒来时，最好不要把灯开得太亮。此时最好开小灯，能够看见路即可。　　（胡　海）

小贴士九十五

手脚凉，按手腕

80%以上的女性会出现手脚冰凉的情况，多属于阳虚、气血不足。手脚发冷时不妨按阳池穴。阳池穴在手背与手腕交界处，位置正好在手背间骨的集合部位。

寻找阳池穴的方法是，先将手背往上翘，在手腕上会出现几道皱褶，在靠近手背那一侧的皱褶上按压，在中心处会找到一个压痛点，这个点就是阳池穴。阳池穴是支配全身血液循环及荷尔蒙分泌的重要穴位。只要刺激这一穴位，便可迅速畅通血液循环，温和身体。刺激阳池穴，要慢慢地进行，时间要长，力度要缓。　　（杨　晨）

小贴士九十六

睡觉流口水按揉脚大趾

有人入睡后容易流口水，醒来舌头两边有齿痕，并出现饭后腹胀等症状。中医认为，这是脾虚的征兆，不及时调理易诱发多种疾病。在足内侧大趾根部稍微突起的骨头后面，有一个太白穴，点揉此处可刺激足太阴脾经，从而消除睡觉流口水及其他脾虚症状。用右手的拇指顺时针按揉左脚大趾的太白穴，感觉微痛即可，每次按揉3分钟，然后换手按揉右脚。　　（刘富章）

小贴士九十七

干擦背可去火

人体背部皮下积聚着许多免疫细胞，将这些健康卫士动员起来，会大大增强人体免疫系统的抗病能力，最好的办法就是每天定时抓、擦等。

干擦背在家中就可以进行。为避免感冒，应将室温控制在20℃以上。准备一条干毛巾，毛巾尽量粗而柔软。脱去外衣，把毛巾放在后背上，一手在上，一手在下来回拉动，几分钟后，换一下手；还可水平方向来回拉动，直到背部发热为止。一般持续5～10分钟，擦到皮肤发红微热为佳。每天一次，可以在睡前进行，擦时用力要适度，注意不要擦破皮肤。

（浪纷飞）

小贴士九十八

搓脸吹气防皱纹

推法令纹　法令纹是面部肌肉下垂的产物，通过按摩可以使它恢复到原来的位置。用中指和无名指沿着法令纹向上推10次左右，再从鼻翼将两手指拉到耳朵位置。

搓脸　五指并拢，双手摩擦微热后，紧贴面部，轻轻上下抹动，可增进面部血液循环，改善组织新陈代谢。加强肌肉弹性，一般可重点按摩额、颧骨部位肌肤，持续3～5分钟。

吹气　吹气也能防止面部衰老，闭嘴使劲吹气，连续用力发"屋"的读音，发音时注意嘴的四周鼓起来，然后放松，使嘴唇周围的皮肤得到运动。

（永　明）

小贴士九十九

三招有助祛除老年斑

老年斑又称寿斑，是呈现在老年人的面部双侧及手背上的一种色素斑点。老年斑是在肝脏、肾脏、胰脏功能下降时产生的。因此，只需要借助一些简单的运动来提高肝脏、胰脏功能，加速过氧化物的排泄，就可以促使老年斑消退。下面推荐一套运动祛斑法。

转腿　仰卧两脚分开，分开的幅度与腰宽相等。左膝轻轻屈曲，尽量向右侧倾倒，左肩紧贴在床上进行吸气。然后，右臂带动胸向倒膝相反的方向扭转，保持此姿势尽可能长的时间。反复做 2 ~ 3 次后，左右交换。

抱膝　仰卧两脚分开，分开的幅度与腰宽相等。两臂侧平举，上体抬起，屈左脚，右手抱膝，保持一会儿，之后身体还原放松。反复做 2 ~ 3 次后，左右交换，再进行 2 ~ 3 次。

以上动作每天反复做两次。长期坚持，能逐渐提高全身机体功能，消退老年斑。

扭腰　平时站着的时候，可以来回扭动腰部，也能加强内脏的代谢功能。手背上的老年斑，则可以通过拍打经络来消除。

（梦　妮）

小贴士一零零

养生八字诀

龟性　龟鹤历来以长寿著称。以龟而言，它之所以能长寿，主要在于它本性温和，不急不躁，随遇而安。

童心　生理学家研究发现，影响人的寿命的一个重要因素是心脏衰老。保持童心，遇事不大喜大悲，感情不大起大落，就能使心脏的

跳动保持稳定，从而延缓心脏乃至整个机体的衰老。

蚁食　饮食过量会导致体内能量过剩，诱发肥胖症、高血压、糖尿病等病症。老年人能像蚂蚁一样摄取营养，食不过饱，少食多餐，细嚼慢咽，对健康至关重要。

猴行　现代科学证明，生命的本质是新陈代谢，而要进行新陈代谢就必须运动。据此，老年人应学学猴子，经常活动，适度参加脑力和体力活动，能增强机体的活力，延年益寿。　　　　（张运辅）

小贴士一零一

骨质疏松如何锻炼

运动对治疗和预防骨质疏松有很多好处。骨质疏松患者在锻炼时应注意以下几个原则：

循序渐进　运动能产生维持和增加骨量的作用，但间隔时间过长会使运动效果减弱。要想维持较高的骨量或延缓骨量的丢失，必须持之以恒地进行锻炼。

负重为主　如走路、慢跑、爬楼梯、跳舞或举重都属于负重锻炼。有规律的负重锻炼能增强肌力，延缓或阻止骨量流失，恢复肌体的基本运动能力。

中等强度　中等强度的运动对骨质疏松的治疗和预防效果最好。锻炼可从低强度运动开始，逐渐提高强度，并将运动时间延长至30～60分钟。

避免摔倒　骨质疏松患者运动时，要注意观察周围环境及身体状况，避免跌倒造成骨折。

已经患有骨质疏松且合并有其他疾病（如心肺功能不全），不能胜任中等以上强度运动的中老年人，可做一些体力消耗小的运动。如每天在阳光下散步 1 小时，每天打太极拳或做体操半小时，有条件的话还可进行游泳锻炼。　　　　（郭振东）

小贴士一零二

毽子翻飞益养生

俗语说"人老先老腿"，通过踢毽子，腿部运动在加强，可以延缓衰老。与此同时，抬腿、跳跃、屈体、转身等动作使得脚、腿、腰、身、手等各部分得到锻炼，还能提高关节的柔韧性和身体的灵活性。踢毽子时每分钟心跳能达到 150 ～ 160 次，是很好的促进血液循环运动。踢毽子还能锻炼大脑和眼睛的灵敏反应。

踢毽子还对提高人体的肺活量，提高新陈代谢功能，增强体质都有很好的作用。

小贴士一零三

等公交车时也能健身

在等公交车时，您可以好好地利用这段时间来做运动。每天坚持锻炼就会收到意想不到的效果。

单足站立，提腿要低，动作要小，交换腿要勤，10 秒更换 1 次，重复 12 次。此动作可使上臀部肌肉及腹肌得到有效的锻炼。

用力握拳再张开，使整个手臂肌肉有紧张感。1 分钟内重复做 30 ～ 40 次。然后将注意力集中在腹部，吸气收腹，默数到 5 再慢慢呼气并放松腹肌，再吸气收腹。1 分钟重复做 15 ～ 20 次。此动作可有效地锻炼腹部的肌肉。

上车后有座位时，我们可以将腿以 90 度摆好，脚跟固定不动，脚尖上上下下反复摆动，这个动作可以锻炼小腿的肌肉。　　（茂　川）

小贴士一零四

10 招重整好心情

人人都有碰上黑色日子、情绪一落千丈的时候，以下几招可能会帮您重整好心情。

找本笑话书读一读，让您开怀大笑一次；

看一部逗笑的电视剧，或看一场喜剧电影；

到户外走一走，做做深呼吸；

闭上眼睛，回忆一下生活中美好温馨的情景；

做 10 分钟的白日梦，想象一些奇妙的好事。做梦不花钱，但能使心情好起来；

跟儿童玩几分钟，会被天真烂漫的童真所感染；

静思或祈祷，此时的安宁和静默能让心情安定下来；

想想如何帮助周围遇到困难的人，做好事也是让自己快乐起来的好方法；

做做运动，几分钟的有氧运动或健身操能改变您的精神状态；

给性格开朗乐观的朋友打个电话，您会得到他们的热情鼓励和开导。

（吉　俊）

小贴士一零五

心理保健的良药——聊　天

聊天不仅是人们思想和语言的交流，而且是心理保健的良药。

聊天可以使人们增进友情。聊天可以使人们原有的友谊得到巩固和发展，有利于疏导心理，能够排忧解愁。人都有忧愁和烦恼的时候，通过聊天，经过朋友的劝慰和开导，便可排解忧愁，减轻痛苦，获得心理上的平衡。聊天还能消除身心疲劳。闲聊中的欢声笑语或幽默滑稽，这种欢乐的气氛，能消除人们精神上的紧张情绪，使身心得到松弛，

有益健康。人们还可以从聊天中获得信息和知识。聊天时，人们往往是古今中外、天南地北、社会趣闻无所不谈，还可以从中获得书本上学不到的东西，增长知识，丰富业余生活，还可以锻炼和提高人们的思维与表达能力，不失为身心保健的一剂良药。　　　　（朝　霞）

小贴士一零六

心情不好换换装

日本东京一家医院尝试一种新疗法——化装疗法，常给患重病的男性老年人换穿西装、皮鞋，把头发梳理整齐，还给女性患者涂口红、薄施粉黛等。结果发现，打扮后89%的患者出现振奋感，27%的患者告别了依赖尿布的生活，27%的患者行动变得比过去更敏捷，24%的患者精神显得更安宁。

衣着和情绪密切相关，感到精神紧张，过度疲劳，不妨改穿一件称心的衣服。当情绪欠佳时，最好不穿发皱或容易起皱的衣服，这种衣服会让人产生局促不安的感觉；也不要穿硬质衣料制作的衣服，它会让人感到僵硬和不愉快。情绪低落者不要穿过分紧贴而狭窄的衣服，其会给人一种压抑感。宽松型服装会令人心情顺畅、活动自如，不良情绪也会随之缓解。

当心情不愉快时，男性可以穿色彩明快的衣服，如淡蓝色可以冲淡情绪的黯然；女性可穿红色、玫瑰色、黄色等悦目的衣服来调节自己的情绪。　　　　（王达远）

小贴士一零七

快乐的人不易患心血管疾病

英国伦敦大学医学院的科学家对216名中年男女进行的研究发现，男性越感觉快乐，其体内皮质醇的水平就越低；而女性越感觉快乐，其平均心率就越慢。另外，几乎每一个感觉快乐的人，其体内纤维蛋

白原的水平均较低。

医学研究表明，人体内皮质醇水平过高，易患高血压、冠心病，而心率慢一般是心血管系统健康的表现。纤维蛋白原水平低，则不易形成血栓。因此，经常保持愉悦心情的人更健康，罹患心血管病的风险亦更低。

（增　福）

小贴士一零八

笑可祛病强身

英国著名的化学家法拉第，年轻时因工作紧张而致神经失调，头痛失眠，身体虚弱。经多方治疗用药毫无起色。后来他想起了一位名医的话：一个丑角进城，胜过一打医生，并从中悟出了道理。于是，他常抽空去看马戏、喜剧和滑稽表演。由衷的笑声使他的心境变得愉快，与此同时，他的健康状况也大为好转。

美国医学界将幽默称为"静态慢跑"，可使肌肉松弛，对神经和心脏都有好处。美国一些医院已雇用"幽默护士"陪同重症患者看"幽默漫画"，作为心理治疗的方法之一。

（陈　华）

小贴士一零九

笑可降血糖

日本医学家在一项研究中，让21名中老年Ⅱ型糖尿病患者连续两天接受午餐后2小时血糖测定。在第一天血糖测定前1小时，让他们听枯燥无味的讲座。第二天同一时间则让他们听日本相声，令他们开怀大笑。

结果显示，第一天听讲座后测得的血糖平均值约为6.83毫摩尔/升，而第二天听相声后的血糖平均值约为4.28毫摩尔/升，二者相差2.55毫摩尔/升。结果远远超过预先估计，也大大出乎糖尿病专家的意料。

这一结果提示糖尿病患者，在用药物治疗的同时，一定不要忘了调整自己的情绪，让自己有个好心态。

（增　福）

小贴士一一零

压抑愤怒情绪有害

有研究显示，压抑愤怒情绪会增加压力，从而导致心脏病和高血压。美国密歇根大学的一项研究，从另一角度验证了这一结论。

该研究对 192 对美国夫妻进行了长达 17 年的跟踪调查，通过问卷方式了解这些夫妻对配偶做出的令其不愉快的行为如何作出反应。

结果显示，在 192 对受访夫妻中，有 26 对夫妻在双方出现冲突时均压抑自己的情绪。而另 166 对夫妻中，至少有一方会表达自己的愤怒。17 年后，双方均压抑怒火的夫妻比那些又吵又闹的夫妻的死亡率要高出近 5 倍。

研究人员分析说，当夫妻发生冲突时，如果你表面上不去理会，但心里却总想着它，怨恨长期积累，最终就会酿成大麻烦。（方留民）

小贴士一一一

轻度忧虑也会缩短寿命

英国爱丁堡大学等机构的研究人员在新一期《英国医学杂志》上报告说，他们对英国近 7 万人的健康资料进行了分析，这些人年龄都在 35 岁以上，平均被跟踪了 8.2 年。研究人员用量表对他们的精神状态进行分析，相关指标包括焦虑程度、抑郁程度、社交情况和自信程度等。

结果显示，那些重度抑郁患者的过早死亡风险固然很高，但即便是轻度忧虑者，也就是临床诊断上还没有达到抑郁症标准的人群，过早死亡的风险也要比普通人高出 20%。

对死因的进一步分析显示，轻度忧虑者死于心脏病和中风的风险比普通人要高 29%，研究人员认为，这是因为忧虑使得他们的生理机能出现某些不好的变化。此外，他们死于交通事故和自杀等因素的风险也比普通人要高。

（李 巍）

小贴士一一二

孤独与吸烟一样对心血管有害

据英国《新科学家》周刊报道，孤独对心脏有害，会使接近退休年龄的人血压升高，它所起到的负面作用与吸烟和长期伏案工作一样大。

长期的社会孤独感会导致一个人65岁时收缩压达到150毫米汞柱以上，达到了医学上规定的高血压水平。这项研究还显示，造成血压升高的"孤独因素"包括吸烟、饮酒、社会经济状况和总体身体状况等。

主持这项研究的芝加哥大学心理学家约翰·卡乔波此前进行的一项研究表明，感到"社会孤独"的大学生血管紧张程度会增加。但由于年轻，他们的身体能够抵消这种影响，因此不会导致血压异常升高。

（陈思之）

小贴士一一三

敌对情绪可加速肺功能衰退

美国科学家公布的一项最新研究成果显示，随着年龄的增长，肺功能会逐渐衰退，但生气和敌对情绪会加速衰退的进程。

这项研究历时8年，共对670名男性展开了追踪调查，受调查者年龄从45岁至86岁不等。

研究人员在调查期间总共对他们进行了3次肺功能测量。结果发现，研究开始时生气等级较高的受试者，研究结束时其肺功能较弱。

（黄建文）

小贴士——四

负面情绪可诱发哮喘

美国马里兰州国家健康中心的布鲁斯·乔纳斯在其所发布的一份研究报告中强调,沮丧、焦虑等负面情绪,可使哮喘的患病率明显增多。

乔纳斯医生证实,哮喘是一种受心理或情绪影响很大的疾病。有严重焦虑者比一般人患哮喘的危险要大2.8倍,沮丧者患哮喘的危险则比一般人大2.6倍。此外,焦虑和沮丧等负面情绪还可诱发高血压和心脏病。

（项觉修）

小贴士——五

丑妻身边多寿翁

美国一统计资料表明,相貌平平,甚至其貌不扬的女人的丈夫,其平均寿命要比那些漂亮女人的丈夫长12岁以上。

美国耶鲁大学心理学教授埃德加·达布尼经过几十年的研究,综合了上千人的资料,得出了这一结论。他认为,导致这一结果的原因可能是,拥有漂亮妻子的男人,经常提心吊胆地生活在自己美丽的妻子是否会红杏出墙的忧虑中,而这种长期的紧张心理,对身心健康十分有害。

（关 邑）

饮 食 篇

　　不同人群的饮食方法是不同的，而对于老年人而言，懂得合理的搭配才能帮助老年人调理出好的身体。

##

常见食物的酸碱性参考

　　强酸性　蛋黄、乳酪、白糖做的西点或柿子、乌鱼子、柴鱼等。

　　中酸性　火腿、培根、鸡肉、鲔鱼、猪肉、鳗鱼、牛肉、面包、小麦、奶油、马肉等。

　　弱酸性　白米、落花生、啤酒、油炸豆腐、海苔、文蛤、章鱼、泥鳅。

　　弱碱性　红豆、萝卜、苹果、甘蓝菜、洋葱、豆腐等。

　　中碱性　萝卜干、大豆、红萝卜、番茄、香蕉、橘子、番瓜、草莓、蛋白、梅干、柠檬、菠菜等。

　　强碱性　葡萄、茶叶、葡萄酒、海带芽、海带等。尤其是天然绿藻富含叶绿素，是不错的碱性食品。

　　每天摄入食物的酸碱比例应为 2：8，并可以通过补充几丁聚糖

进行调节。几丁聚糖主要是从螃蟹、虾的外壳中提取的，也叫甲壳素。另外灵芝、蘑菇中也含有这种物质，目前市场上可以买到专门的营养剂，通过补充几丁聚糖营养剂，可以改善人体偏酸的状况。（广 宇）

小贴士二

六种"不健康"好吃食物的解物

"不健康"食物1：油条

油条是不少人早餐的选择，可油条中大多加明矾。这种含铝的无机物，被人体吸收后会对大脑神经细胞产生损害，并且很难被人体排出而逐渐蓄积。长久食用对身体造成的危害是记忆力减退、抑郁和烦躁，严重的可导致"老年性痴呆"等疾病。

解物：豆浆

如果你在食用油条时，佐以豆浆，那么就在无意中保护了自己。因为豆浆中富含卵磷脂。

"不健康"食物2："酸菜鱼"

经过腌制的酸菜，维生素C已丧失殆尽；此外，酸菜中还含有较多的草酸和钙，由于酸度高食用后易被肠道吸收，在经肾脏排泄时极易在泌尿系统形成结石；而腌制的食物，大多含有较多的亚硝酸盐，与人体中胺类物质生成亚硝胺，是一种容易致癌的物质。

解物：猕猴桃

科学研究发现，多吃富含维生素的食物，可以阻断强致癌物亚硝胺的合成，减少胃癌和食道癌的发生。而猕猴桃被称为维生素C之王，一个猕猴桃基本可以满足人体一天所需的维生素C。

"不健康"食物3：咸肉、腊肉、香肠等

这些含有大量盐的食物，与猪肉中的物质长期腌制在一起，产生亚硝胺，进入人体后又会形成二甲基亚硝胺，是一种很强的致癌物质。

解物：绿茶

相关研究表明，饮用绿茶可以分解这类物质的危害。

"不健康"食物4：火锅

对于那些原本容易上火，或经常复发口疮的人来说，吃火锅是雪上加霜。不仅会加重症状，增加复发的机会，长期反复，还会诱发食道癌变。其次火锅浓汤中含有较高的嘌呤物质还可能引发痛风病。

解物：柚子

如果在吃了油腻又麻辣的火锅后，吃个柚子，就有助于滋阴去火，健脾消食。

"不健康"食物5：烤羊肉串

羊肉串经过明火炭烤后所含的苯并芘，进入人体后，就足以对胃造成癌变的威胁。

解物：烤白薯

白薯中含有大量纤维素，可以将烤肉中的有害物质包裹起来排出体外，并能阻止大量油脂被人体吸收。

"不健康"食物6：皮蛋

皮蛋在制作中，多少都会含有一定量的铅。如果摄入过多的铅，将导致智力下降，损害神经系统的发育，引起听力异常、学习能力降低等现象。

解物：豆腐

研究显示，豆制品中的纤维素可以抑制食物中铅在胃肠道的吸收，而其中的钙离子也可以抗铅，帮助排除人体摄入的铅，有助于降低人体血液中铅的浓度。

（杨　柳）

小贴士三

常见的降脂食物

鱼 是一种高蛋白低脂肪食品，含有人体必需的不饱和脂肪酸，具有抑制血小板凝固和降低胆固醇的作用，并可健脑益智。

茶 可降低血脂和胆固醇水平，增强血管壁的韧性，抑制动脉粥样硬化。

菊花 有降低血脂和降血压的作用，若在绿茶中掺一点菊花则对心血管有很好的保健作用。

大蒜 含前列腺素，有舒张血管、降低血压的功能，还可预防动脉硬化。大蒜中所含的大蒜精油及硫化合物的混合物可降低血中胆固醇、阻止血栓形成，并有助于增加高密度脂蛋白。

玉米 含有丰富的钙、硒和卵磷脂、维生素 E 等，有降低血清胆固醇的作用。

苹果 含有丰富的钾，可排除体内多余的钠盐并能降血脂。

牛奶 含较多的钙质，能抑制人体内胆固醇合成酶的活性，也可减少人体对胆固醇的吸收。

燕麦 含丰富的亚油酸和丰富的皂甙素，可降低血清总胆固醇、甘油三酯和 β – 脂蛋白。特别是其所含的丰富的膳食纤维是降低胆固醇的重要物质。

（王世积）

小贴士四

防流感美食

大蒜粥 人一天生吃两瓣大蒜就能发挥大蒜的保健抗病作用，做大蒜粥时只需将大蒜和米一起煮熟即可。

红茶 连续两周每天喝 5 杯红茶，人体内会产生大量抗病毒干扰素，可有效地帮助人体抵御流感。

菌类 菌类做成菜或汤，也可随意与肉类搭配。炖鸡、炒鱿鱼、炒肉丝，均可增强人体的抵抗力。

水果、蔬菜、粗粮 最好选含维生素C丰富的蔬菜，如西兰花、番茄、油麦菜、青椒、辣椒等。多吃苹果、葡萄、草莓、番茄、胡萝卜、荸荠、山药、枸杞、竹笋等。另外，粗粮应占每日主食的一半，以免缺乏B族维生素导致免疫力下降。

（姜军承）

小贴士五

保护维生素五法

许多人都认为炒菜应出锅时放盐，可避免蔬菜中维生素流失。其实从营养和美味的角度看，将盐分三步放更科学。

第一步 放油后放入 1/3 的盐，可减少油中的黄曲霉素。黄曲霉素是一种强致癌物质，即使是在符合国家标准的食用油中也含有微量的黄曲霉素，盐受热后挥发出的碘化物可以将其去除。

第二步 放入肉、鱼、鸡蛋等食物时再放入 1/3 的盐。盐与肉蛋中氨基酸结合成氨基酸钠，能提升菜肴鲜度，不必再放味精。

第三步 蔬菜炒熟出锅前放剩下 1/3 的盐，这样能减少蔬菜中维生素及其他营养物质的损失。

（刘谊人）

小贴士六

烹调之水各不同

炒肉丝、肉片时，加少许水爆炒，炒出的肉比不加水的鲜嫩。

炒、煮蔬菜时，不要加冷水，冷水会使菜变老变硬不好吃，而加开水炒出来的菜则又脆又嫩。

炒藕丝时，一边炒一边加些水，能防止藕变黑。

炒鸡蛋时，一个蛋加一汤匙温水搅匀，就不会炒老，而且炒出的蛋量多，松软可口。

煎荷包蛋时，在蛋黄即将凝固之际，可浇上一汤匙冷开水，会使蛋熟后又黄又嫩，色味俱佳。

豆腐下锅前，可先放在开水里浸渍一刻钟，这样可清除异味。

用冷水炖鱼无腥味，但应一次加足水，若中途再加水，会冲淡原汁的鲜味。

蒸鱼或蒸肉时待蒸锅的水开了以后再上屉，能使鱼或肉外部因突遇高温而立即收缩，内部鲜汁不外流，熟后味道鲜美，有光泽。

熬骨头汤时，中途切莫加生水，以免汤的温度突然下降导致蛋白质和脂肪迅速凝固，影响营养和味道。

（王秀艳）

小贴士七

巧放葱姜蒜椒

葱、姜、蒜、椒，人称调味"四君子"，不仅能调味，还能杀菌去毒，对人体健康大有裨益。在烹调中投放合理才能更提味、更有效。

肉食多放椒 烧肉时宜多放花椒，做牛肉、羊肉、狗肉时更应多放。花椒有助暖作用，还能去毒。

鱼类多放姜 鱼腥气大，性寒，食之不当会产生呕吐。生姜可缓

和鱼的寒性、可解腥味。

贝类多放葱 大葱不仅能缓解贝类（如螺、蚌、蟹等）的寒性，而且还能抗过敏。不少人食用贝类后会产生过敏性咳嗽、腹痛等症状，烹调时就应多放大葱，避免过敏反应。

禽肉多放蒜 蒜能提味，烹调鸡、鸭、鹅肉时宜多放蒜，使肉更香更好吃，不会因为消化不良而发生腹泻。 （严双红）

小贴士八

黑酱油防中风胜红酒

有研究发现，黑酱油的抗氧化作用有助于防止游离基对血管造成的破坏，从而降低动脉硬化引发心脏病或中风的危险。

过去的研究已发现黑酱油是强有效的抗氧化剂。新加坡研究人员在测试20多种亚洲食品调味料和中草药后，发现黑酱油的抗氧化作用最强。在人体外进行的测试发现，黑酱油的抗氧化作用竟比红酒高出10倍，而红酒一向被人们认为对心脏病或中风的发生有预防作用。

（顾晓明）

小贴士九

瘦肉多吃也有害

人们都知道吃肥肉对身体有害，因此都挑瘦肉吃。然而，伦敦医学院专家研究后提出，多吃瘦肉尤其是牛肉、猪肉和羊肉等瘦肉对人体的危害不亚于肥肉。因为红色瘦肉在烹煮过程中会产生一种致癌物质——杂环胺，它是损害人体基因的物质，能被肠道直接吸收。西方国家的肠癌发病率一直居世界前列，在一定程度上与他们喜吃牛排有关。另外，瘦肉中的蛋氨酸含量较高，其在某种酶的催化下能产生同型半胱氨酸，它是导致动脉硬化的危险因素之一。

（吴国隆）

不能同吃的药品和食物

抗生素不能同奶制品一起吃，奶制品会降低阿莫西林和一些酸性物质的活性。此外，抗生素也不能同果汁一起服用。

以扑热息痛为主要成分的镇痛药不能同菜花、菠菜等一起吃，因为这些菜能强化肝脏对药物的分解作用，从而减轻药物的疗效。

抗组胺药品不能同奶酪或猪肉一起吃。奶酪和猪肉含有丰富的组胺，一定程度上会妨碍这些药物发挥作用。

抗高血压药和利尿药不能同含盐很丰富的食物（熏制食品、海产品等）以及含钾很丰富的食物（蔬菜、干果、香蕉等）一起服用。

以维生素 K 为主要成分的抗凝剂不能同青豌豆、卷心菜、韭菜、菠菜、生菜以及动物的内脏（特别是肝脏）一起吃，它们与术后用来预防凝块、栓塞和静脉炎的药物正好起相反作用。

服用类皮质激素时要限制进食碳水化合物（如面包、淀粉、糖）、脂肪和盐。这样可以避免引起高血压、糖尿病、体重增加等一些令人烦恼的不良反应。

（谢宏玉）

喝汤的四个误区

喝汤不吃"渣" 经检测有 85% 以上的蛋白质留在"渣"中。

喝太烫的汤 喝 50℃ 以下的汤最适宜，超过此温度则会造成黏膜烫伤。

饭后才喝汤 正确的吃法是饭前先喝汤，能起到开胃的作用。

汤水泡米饭 这样吃食物不能得到很好的消化吸收，会导致胃病。

（文　笛）

小贴士十二

吃粥也有宜忌

喝粥不宜太烫，否则对食管将会产生很大的刺激性，可能损伤食管黏膜，时间长了，甚至可诱发食管癌。

胃肠功能不好者不宜常食稀粥，否则易把消化液、唾液和胃液稀释掉，从而影响胃肠的消化功能。同时，胃肠一下子容纳这么多的稀粥，会因腹部膨胀而难受。

食药粥要注意地域时令的差别。如北方人春季常吃菜粥，夏季常吃绿豆粥，秋季常吃莲藕粥、菊粥，冬季常吃羊肉粥等。南方人吃粥同样也有冬夏之不同。

吃粥的"最佳"时间当属早晨，其次是晚上。

小贴士十三

肉类解冻后应立即烹煮

英国约克大学的科学家威尔逊研究发现，肉类在冷冻过程中，因肉中的水分形成结晶，在肉的内部出现相互联结的细小间隙并形成一个网状组织。在肉类解冻后，这一内部充满了蛋白质液体的细小网状沟渠正好成为细菌向内部渗透的管道。这就是冷冻的肉类在解冻之后比较容易腐败的原因。

解冻肉一旦产生细菌，即使彻底烹煮再食用，仍然会有问题。因为细菌虽然已死掉，但是它们所产生的毒素却难以消除。因此，肉类解冻后应立即烹煮，不宜久放。

（邓　竹）

小贴士十四

果蔬烫后再榨汁

果蔬如果直接榨汁喝，里面所含的维生素 C 容易和各种氧化酶相遇，使得维生素 C 损失严重。

怎样使果蔬中的营养在榨汁时不流失呢？方法是把需要榨的水果蔬菜在开水中略烫一下，将氧化酶杀灭，然后再榨汁。这样，不但果蔬汁中的维生素保住了，而且榨出的汁也会增加，汁的颜色还非常鲜艳。特别是那些没有酸味的蔬菜，如胡萝卜、芹菜、鲜玉米等，一定要烫过后再榨汁。

没有烫过的果蔬汁最好马上喝，不可久放以免养分流失。先前烫过的果蔬汁密封后可放冰箱内保存一两天。

（李顺秀）

小贴士十五

手撕菜更营养

蔬菜如果能用手撕的尽量用手撕，如白菜、圆白菜、油菜、油麦菜等应尽量少用刀切。因为新鲜蔬菜中的维生素 C 含量较高，菜刀中的金属会加速维生素的氧化。

此外，炒菜时要急火快炒，并盖好锅盖，防止溶于水的维生素 C 随蒸气跑掉。炖菜时加点醋可调味，也可减少维生素 C 流失。

（项觉修）

小贴士十六

如何留住蔬菜中的维生素 C

现购现吃 蔬菜越新鲜含维生素越多，储存过久，蔬菜中的氧化酶能使维生素 C 氧化而遭到破坏。

先洗后切 如先切后洗，蔬菜断面溢出的维生素会溶于水而流失。

切好的菜还要迅速烹调，放置稍久也易导致维生素 C 的氧化。

急火快炒　维生素 C 会因加热过久而严重破坏。急火快炒，可减少维生素 C 的损失。

淀粉勾芡　烹调中加少量淀粉，淀粉中的谷胱甘肽有保护维生素 C 的作用。

焯菜水要多　焯菜时应火大水多，菜在沸水中迅速翻动便捞出，可减少维生素 C 被破坏。

忌铜餐具　铜制餐具中的铜离子，在烹调或装菜时可使菜中维生素 C 氧化加速。

（小　雨）

小贴士十七

吃糖过多易骨折

世界卫生组织在对 23 个国家人口的死亡原因调查后指出，嗜糖之害甚于吸烟。长期食用含糖量高的食物会导致肥胖及营养缺乏。另外，白糖在体内代谢需要消耗多种维生素和矿物质。因此，经常大量吃糖，会造成这些营养物质缺乏，特别是钙的缺乏，故爱吃甜食者骨折发生率较高。因此，专家建议，吃糖最好不超过每天 40 克。

（项觉修）

小贴士十八

常吃海鱼可防糖尿病

荷兰科研人员研究发现，常吃海鱼者，其分解和利用糖的能力较不常吃海鱼者好，故常吃海鱼可预防糖尿病。

研究者以糖耐量减低为诊断糖尿病的指标，经 3 年的观察，发现在 75 名不常吃海鱼者中有 34 人患上糖尿病，患病率达 45%。而在 100 名常吃海鱼（每天 30 ~ 50 克）者中，只有 25 人患上糖尿病，患病率为 25%。

（曾　富）

小贴士十九

吃鱼喝酒有益于心脏

吃鱼有益于心脏健康的观点已被公认，但您或许还不知道，吃鱼时喝上一点酒，效果会更好。意大利科学家在研究了 1604 名成人饮酒者对其心脏健康的影响后，得出了上述结论。

为什么会有如此结果？研究人员发现，适量饮酒能够提高鱼中 $\Omega-3$ 脂肪酸的吸收，提高食用者血液中 $\Omega-3$ 脂肪酸的水平。而 $\Omega-3$ 脂肪酸是保证心脏健康的有益物质，富含 $\Omega-3$ 脂肪酸的鱼有三文鱼和鲭鱼等。

（柴凤有）

小贴士二十

多吃鱼，心理更年轻

美国芝加哥学者马东海博士对 3718 名 65 岁以上的老年人进行了为期 6 年的跟踪调查。结果显示，如果老年人每周吃一次鱼，心理年龄将年轻至少 3 岁；如果每周吃至少两次鱼，心理年龄将年轻 4 岁。这意味着，鱼对老年人保持心理年轻有着积极的作用。鱼类含有丰富的不饱和脂肪酸——二十二碳六烯酸（DHA），即人们常说的"脑黄金"，此前研究发现，DHA 能使人心理承受力增强、智力发育指数提高。

（钱景欣）

小贴士二十一

海鱼护心祛寒，冬季宜多吃

印度尼西亚老年医学专家萨默博士提出，老年人在冬季多吃鱼类等富含维生素 A 的食品，死亡率能减少 65%。美国科学家经动物实验也得出结论，维生素 A 有增强免疫力、保温祛寒的作用，能增强老年人的抵抗力，使其少患感冒、冻疮等疾病。

多吃鱼对老年人冬季养生好处颇多。鱼脂肪里所含的脂肪酸，是促进大脑发育最好的物质。人脑约 50% 是脂肪，其中 10% 是这种脂肪酸。它有助于减少大脑的炎症，保护大脑的血液供应。老年痴呆症，就是大脑中这种脂肪酸逐渐减少造成的。鱼的眼睛尤其值得重视。因其眼珠周围的眼窝脂肪富含这种脂肪酸，它不仅可以保持大脑年轻，且能预防动脉硬化和心肌梗死。

（清 泉）

小贴士二十二

多吃鱼可改善老年人的记忆力

牛津大学的研究人员对挪威西部的 2031 名年龄为 70～74 岁的老年人进行了研究，就他们平均每天摄入鱼类的量以及日常饮食中所摄取的海鲜量进行了调查。参加测试者中，有 1951 人每天吃鱼达 10 克或更多，包括新鲜鱼肉、罐头鱼，鱼肝油和鱼油等；其他 80 人每天吃鱼的量不到 10 克。

结果发现，那些经常吃鱼的老年人，在参加记忆、视觉感知、空间认知、注意力、方向感和语言流畅度测试时，得分要高于不经常吃鱼的老年人，而吃鱼越多效果就越好。如果每天摄入鱼类的量达到 80 克，则效果就会更明显。

研究人员说，无脂鱼和脂质鱼效果都一样。因此，对人们有益的鱼，可能不只是含 $\Omega-3$ 脂肪酸的鱼肉。

（方留民）

小贴士二十三

常吃煎鱼易中风

　　美国研究人员将 4775 名年龄在 65 岁以上的老年人分为两组，其中一组成员喜欢吃金枪鱼或者其他种类的鱼，另外一组则无此嗜好。整个实验持续了 12 年。

　　实验结果显示，那些经常吃鱼并且习惯于用炖或蒸的方法进行烹饪的老年人患中风的概率比那些平均每月吃鱼少于一次的老年人低 30% 左右。而那些平均每周至少吃两次炸鱼或煎鱼的老年人中风概率则比不吃者高 40%。

（林　心）

小贴士二十四

食用味精十不宜

　　不宜高温使用　温度过高（超过 120℃）会使味精变成焦化谷氨酸钠，不但不能起到调味作用，反而会产生轻微的毒素。味精投放的最佳时机是在菜肴将要出锅的时候。

　　不宜低温使用　温度过低时味精不易溶解，凉拌菜时，可把味精用温水化开，晾凉后浇在凉菜上，并忌加酱油，以免鲜味消失。

　　不宜用于碱性食物　谷氨酸钠中的钠易与碱发生化学反应，生成一种具有不良气味的谷氨酸二钠，因而失去调味作用。

　　不宜用于酸性食物　味精在酸性食物中不易溶解。

　　不宜用于甜味菜肴　甜味菜肴，若放了味精，既破坏了甜味也破坏了鲜味，反而不好吃了。

　　不宜使用过量　过量的味精会产生一种似咸非咸，似涩非涩的怪味。

　　不宜用于炒鸡蛋　鸡蛋本身加热后即可有鲜味，无须再加味精。

　　不宜分娩 3 个月内的产妇和婴儿食用　因为味精中的谷氨酸钠会

通过乳汁进入婴儿体内，对婴儿不利。

不宜做馅料时使用　因为不论是蒸还是煮，都会受到持续高温，使味精变性，失去调味作用。

不宜特别鲜美的原料使用　如新鲜的香菇、鸡、牛肉、鱼虾等，它们含有的某种成分本身即具有一定的鲜味，若再加味精反而口味不佳。

（王　恪）

小贴士二十五
常吃绿叶蔬菜可防阑尾炎

英国医学家发现，常吃绿叶蔬菜可防止阑尾炎。这是他们对 400 名阑尾炎的患者的饮食进行研究后得出的结论，这些阑尾炎患者中 96% 的人不喜欢吃绿叶蔬菜。他们又对 400 名常吃绿叶蔬菜的人进行研究，发现这些人阑尾部很好，没有一个患阑尾炎和肠道疾病。

经研究发现，常吃绿叶蔬菜能使未消化的残渣到达大肠起始处，改变了肠蠕动和肠内区性食物的结构，因而常食绿叶蔬菜可防止阑尾炎疾病的发生。

（李顺秀）

小贴士二十六
引发心脏病的四大饮食陋习

心脑血管病是一种生活方式病，以下不良膳食习惯在其发病过程中起了非常重要的作用。

多盐少水　食盐摄入过量易导致高血压，应该控制在每天 6 克以下。如有口重的习惯，可在炒菜起锅时再放盐。这样咸味足而实际放盐量少，因为此时食盐未渗透于食物内。另外，应多饮白开水，以促进细胞新陈代谢和机体内毒素的排泄。

多精少粗　膳食过于精细易造成维生素、纤维素和微量元素摄入

不足。而膳食纤维能有效地降低血脂，减少患冠心病的风险，还有助于减肥和预防结肠癌。

多荤少素 长期大量地摄入高脂饮食，可导致高脂血症和动脉粥样硬化。荤不可不吃，但必须控制摄入量，同时应多吃蔬菜水果。

多酒少茶 大量饮酒可使冠心病死亡率增高，并造成肝损害，甚至导致酒精性肝硬化。而多饮茶，特别是新鲜绿茶，对预防心血管疾病大有裨益，因为其中的茶多酚有抗氧化作用，并可促进多余胆固醇自肠道排泄。

（余双仁　美　云）

小贴士二十七

含镁食品保护心脏

现代医学研究证实，镁不但对心脏的收缩和舒张功能具有重要的调节作用，而且与动脉硬化和心脑血管疾病关系密切。

流行病学研究发现，长寿地区自然环境中的镁和钙含量较高，而心脑血管疾病的发病率较低。

镁是一种矿物元素，在自然界中分布广泛，绿叶蔬菜、香蕉、大豆、木耳、海藻、鱼类，以及干果类和很多杂粮中都含有镁。因此，注意营养均衡，多吃上述食品，可以保证镁的摄入。

由于人体内镁的含量常受到诸如衰老、疾病及药物等许多因素的

影响，比如，老年人由于胃酸分泌减少可致镁的吸收不良，正在服用利尿类降压药的高血压病患者，以及糖尿病患者，由于通过尿液排出的镁比正常人要多得多，因此更应注意补镁。　（孙　逊）

小贴士二十八

常吃烤肉易致乳腺癌

美国癌症研究协会的科学家研究发现，当生牛肉置于铁制烤架上在明火上烤炙时，牛肉中的氨基酸在200℃高温下会发生聚合反应，产生一种杂环胺化合物。动物实验证实，这种杂环胺系一种强致癌物质。实验动物的饲料中只要添加微量的这种物质，即可使多数动物出现癌症症状。这一研究结果正好解释了令美国医学界长期困惑的问题——爱吃烤牛肉的美国是世界上乳腺癌发病率最高的国家。

为此，专家建议，为防乳腺癌，妇女不宜常吃烤肉，而应多吃豆制品。

（蓉　兰）

小贴士二十九

食用粮米也需注意防癌

在食用大米、小米和高粱米时，为了避免对身体有益的米糠损失，人们都要尽量减少淘洗的次数。然而，您是否也注意到事情的另一面？粮米在贮存过程中，特别是春夏季节，容易受潮霉变。而引起癌症的黄曲霉素的污染又多在粮米的表皮部分，米糠里的黄曲霉素的含量又比米粒上多数倍。因此，为减低癌症的损害，贮存了一段时间的陈粮，食用时应反复搓洗，直至水清为止。

为了防止粮米的霉变，应将其存放在干燥通风的地方。贮存时间较长的粮米，食用前最好在阳光下晾晒两三个小时。　　（张洪举）

小贴士三十

消除腌腊食品中的致癌物

咸鱼是含有亚硝基化合物较多的食品，尤其是粗盐腌制的海鱼，水煮可以有效地消除鱼体深部的致癌物质。

对虾米和虾皮，消除致癌物质的方法是水煮后再烹调，也可以在日光下直接曝晒 3 ~ 6 个小时。

香肠和咸肉等肉制品，尽管亚硝基化合物含量不高，也应进行适当的处理。食用时，应避免油煎烹调。

对腌菜，消除亚硝基化合物的方法也可以采用水煮、日光照射、热水洗涤等方法。　　（余　力）

小贴士三十一

高盐饮食易致胃癌

英国和日本科学家研究发现，爱吃过咸食物的人患胃癌的危险是其他人的两倍。这一研究结果说明，过咸饮食是胃癌发病的高危因素之一。

人在食入过量的高盐食物后，胃内食物渗透压增高，这对胃黏膜可造成直接损害。高盐食物还能抑制前列腺素 E 的合成，而前列腺素 E 能提高胃黏膜的抵抗力。这样就使胃黏膜易受损害而产生胃炎或溃疡。同时，高盐及盐渍食物中含有大量的硝酸盐，容易形成具有极强致癌作用的亚硝酸胺。因此，人们饮食宜清淡，每日摄入的食盐量应控制在 5 ~ 6 克，最多不能超过 8 克。　　（赵　艳）

小贴士三十二

每周吃二三次咖喱可防老年痴呆

美国杜克大学穆拉里·杜斯瓦教授称，每周吃二三次咖喱，可降低患老年痴呆的概率。

他们的研究发现，具有人类淀粉样蛋白的小鼠，在持续喂食咖喱12个月后，其脑内淀粉样蛋白明显减少。

脑内形成淀粉样蛋白是造成痴呆症的主要原因，而咖喱中所含的姜黄色素可阻止淀粉样蛋白在脑部的沉积。加州大学洛杉矶分校的研究人员正在对老年痴呆症患者进行姜黄素实验。

当然，仅靠吃咖喱不能有效地预防老年痴呆。良好的饮食和足够的运动，再配合定期吃咖喱，才能取得更好的预防效果。　（方留民）

小贴士三十三

根据体质选蛋吃

鸡蛋性平　可以补气血，有安神养心的功能。生病时吃鸡蛋可以恢复体力。鸡蛋不伤脾胃，一般人都适合，更是婴幼儿、孕产妇、患病者的理想食品。鹌鹑蛋同样味甘性平，能补气养血，与鸡蛋类似。

鸭蛋性凉　适合火旺体热的人。能去火清肺热，最适宜阴虚火旺者食疗，可治热咳、胸闷、喉疼、牙痛等症。

鹅蛋性温　适于慢性肾炎、肝炎、久病体虚的患者食用。寒冷的时候吃鹅蛋能补养身体，防御寒冷气候对人体的侵袭。

鸭蛋、鹅蛋含有一种碱性物质，多食会对内脏有损害，每天食用不要超过3个。　（骆青山）

小贴士三十四

鸡蛋吃多也中毒

在日常生活中，人们常常让体虚、大病初愈和产妇多吃鸡蛋，以滋养身体。其实，这种做法往往事与愿违。

正常人肠道对蛋白质的消化和吸收能力是有一定限度的，更何况体虚之人。若一次大量进食鸡蛋，则过多的蛋白质会在肠道内异常分解，产生对身体有害的氨。而且未消化的蛋白质还会在肠道中腐败，产生羟、酚和吲哚等有毒化学物质，引起腹部胀气、头晕、乏力，甚至昏迷等症状，此即蛋白质中毒综合征。

根据人体对蛋白质的消化吸收能力，成年人每日吃两三个鸡蛋足矣。

（李建勇）

小贴士三十五

常吃豆类食品可防前列腺癌

瑞典卡罗林斯卡医学院的医生和研究人员在对 1499 名新近患前列腺癌的患者与 1130 名健康男性进行比较时发现，那些日常饮食中经常吃豆类食品的男性患前列腺癌的概率要比不常吃豆类食品的男性低 26%。研究人员指出，豆类食品中的天然雌性激素可以弥补男性自身的缺陷，而体内的雌激素则对前列腺癌有预防作用。

流行病学研究发现，在食用豆类食品较多的亚洲地区，前列腺癌和肠癌的发病率要远远低于欧洲和美国。自然界的许多食品含有天然雌激素，如大豆、花生、瓜子、草莓和蔬菜等。　　　（陈　文）

小贴士三十六

多食大豆防痴呆

美国科学家对大豆异黄酮的脑保健作用进行了为期3年的试验。结果表明，与人类非常接近的灵长类动物恒河猴长期摄食大豆，绝少发生痴呆症，而对照组发病率则与西方人相似。由此得出结论，大豆异黄酮这种植物性雌激素很可能对灵长类动物大脑中的淀粉样变性（老年痴呆症的主要病理改变）有干扰作用。故专家建议，老年人不妨常食一些大豆食品。

（田新林）

小贴士三十七

常吃豆豉可防脑血栓

时下，不少日本老人时兴吃豆豉。原来，日本老年病研究所的专家们发现，常吃豆豉竟有预防脑血栓的奇异功效。

专家们分析说，豆豉中含有丰富的能溶解血栓的尿激酶，还含有能产生大量维生素B和某些抗生素的细菌，对健康有益。更值得一提的是，正因为豆豉可预防脑血栓，而脑血栓又会引起老年痴呆，故常吃豆豉也可间接地减少老年痴呆症的发生。

当然，豆豉也不宜过多食用，因为它可导致部分人肚子胀气。一般来说，每天食用量以不超过50克为宜。

（项觉修）

小贴士三十八

豆制品让女性少得心脏病

日本厚生劳动省的研究人员历时 13 年，对 4 万多名健康的日本乡村居民进行跟踪调查。结果发现，每周食用豆制品至少 5 次的女性，与较少食用豆制品的女性相比，患心脏病的比率为 0.39∶1。而在更年期后的女性，该比率为 0.25∶1。 （边吉）

小贴士三十九

多吃醋有助于降血压

日本大阪外国语大学保健管理中心的研究人员让一组成年高血压患者每天饮用含 15～30 毫升苹果醋的饮料，8 周后这组患者的血压比另一组未服用醋饮料患者的血压下降了 15～30 毫米汞柱。如果每天坚持饮用 15 毫升苹果醋，血液中总的胆固醇含量就会有所下降。

这项研究报告指出，如在进食时配合饮用一小杯醋，还能帮助糖尿病患者抑制餐后血糖上升。 （新 华）

小贴士四十

大蒜吃多会伤眼

大蒜不仅是绝好的调味品，也是防病高手。但民间却有"大蒜百益而独害目"之说，从中医理论上讲，大蒜吃多了，的确对眼睛不好。

在一段时间内，如果感觉看东西模糊，眼角经常有眼屎，那就得看看是不是大蒜吃多了。

另外，很多患有青光眼、白内障、结膜炎、睑腺炎（麦粒肿）、干眼症等眼疾的人，如果没有忌食大蒜的话，即使治疗，效果也不太好。

吃蒜要根据体质搭配的食物而定，并没有一个固定的量。夏季湿气重，多吃蒜可以除湿邪，无论是拌凉菜、炒菜或是饺子、面条，都

可以来几瓣蒜，但整瓣咬，很容易吃多，不妨把蒜捣碎，跟醋配在一起，这样既不会食用过量，也能起到提味防病的效果。腌制成糖蒜，多吃几瓣没什么关系。

另外，阴虚盗汗、肝火旺的人最好也少吃，否则容易上火。需要提醒的是，吃完大蒜喝茶，很容易引起胃疼。 （树　强）

小贴士四十一

生吃大蒜每天别超过 12.5 克

大蒜有益于身体，但是长期大量食用可能引起中毒。印度科学家进行了一个有关吃大蒜的研究，该实验表明，一个体重 50 千克的人每天吃 50 克蒜泥，14 天就可能导致转氨酶、碱性磷酸酶及胆红素等肝功能指标改变，21 天时，解剖动物，可见肝脏的组织发生改变，出现肝脏损伤。

因此，我们平时生吃大蒜每天最好不要超过 12.5 克（1/4 两），否则可能导致肝功能损伤。而且，吃蒜泥时最好加些醋或盐进行解毒，以减轻大蒜中毒的可能性。 （司兆奎）

小贴士四十二

烂姜不能吃

现代医学研究证明，生姜腐烂会产生一种毒性极强的有机物——黄樟素，它能使肝细胞变性。大量动物实验表明，黄樟素能诱发肝癌和食道癌。烂姜虽然做调料，但其毒性对肝细胞仍有损害，尤其是有肝炎病史的人，其肝细胞会受到更大的破坏。吃烂姜还会引起全身皮肤及眼巩膜黄疸。 （王玉昆）

小贴士四十三

洋葱生吃有益心脏

洋葱含有黄酮类、硫化合物和葱辣素等生物活性物质，具有刺激食欲、助消化、降血糖等作用。英国科学家最新研究发现，洋葱中含有一种对心血管有益的生物活性物质——栎精，可消除使心脏动脉壁变厚的慢性炎症，从而降低心脏病的患病风险。此物质不耐热，经高温烹调会丧失活性，致使对心脏的保护作用大大降低，所以洋葱最好生吃。可将洋葱洗净切丝或切成小块，加入适量调料凉拌食用。

（于长学）

小贴士四十四

玉米营养为主食之最

德国营养保健协会的一项研究表明，在所有主食中，玉米的营养价值和保健作用最高，它有助于预防心脏病、癌症和抗衰老。

玉米中的维生素含量是稻米、小麦的 5 ～ 10 倍，其所含核黄素等营养物质对预防心脏病、癌症等疾病有很大好处。

每百克玉米能提供近 300 毫克的钙，几乎接近乳制品的含钙量。

研究还显示，甜玉米比普通玉米，鲜玉米比老熟玉米营养价值更高。甜玉米的蛋白质、植物油及维生素含量比普通玉米高 1 ～ 2 倍；"生命元素"硒的含量高 8 ～ 10 倍；其所含的 17 种氨基酸中有 13 种高于普通玉米。

（顾世显）

小贴士四十五

玉米油对心血管有益

心血管病是中老年人的常见病，美国医学会在对美国的土著居民——印第安人的普查中，竟没有发现一例心血管病患者，这与印第安人长年食用玉米有关。

玉米胚芽中含有大量的卵磷脂、亚油酸、谷物醇和维生素 E，这些物质能有效地预防高血压和动脉硬化。玉米胚芽油含有 84% 的不饱和脂肪酸，其中有 55% 是人体所必需的亚油酸。另外，清淡的饮食对心血管疾病的预防也很重要。而口味清淡正是玉米胚芽油的特点，它清香，不油腻，没有油烟，而且人体对它的吸收率高达 97%。

（徐荫乔）

小贴士四十六

香菜子油可杀菌

最新科学研究显示，香菜子油能够杀死多种致病细菌，可用作食物中的天然抗菌添加剂。

葡萄牙科学家测试了香菜子油对 12 种细菌的抗菌效果，其中包括许多常见病菌，如大肠杆菌、肠沙门氏菌、蜡样芽孢杆菌、耐甲氧西林金黄色葡萄球菌等。结果显示，在含有 1.6% 香菜子油的溶液中，病菌无法生长，而且大部分死亡。

参与这项研究的葡萄牙贝拉地区大学的科学家费尔南达·多明格斯解释说，香菜子油可以破坏细菌的细胞膜，从而影响细菌的新陈代谢等基本生理活动，最终导致细菌死亡。

有关科学家据此认为，香菜子油是一种理想的天然食品添加剂，建议广泛使用。

（黄堃）

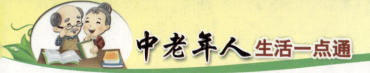

小贴士四十七

海带有抗辐射作用

武汉大学公共卫生学院罗琼博士研究发现，海带的提取物海带多糖，因可抑制免疫细胞凋亡而具有抗辐射作用。

他们将实验大鼠分成一般大鼠组和给予海带多糖实验组，然后通过大剂量 γ 射线照射。结果发现，一般大鼠组免疫功能比给予海带多糖组明显下降。通过流式细胞仪检测显示，海带多糖能够显著抑制实验组脾淋巴细胞凋亡，从而对辐射引起的免疫功能损伤起到保护作用。

（孙　吉）

小贴士四十八

海带不是越"绿"越好

许多人在购买海带时存在误区，认为海带颜色越"绿"越好，其实不是这样的。正常的海带是深褐色的，经腌制或晒干后，颜色会变成墨绿色或深绿色。如果您买的海带是鲜绿色的，那么您可要注意了，海带有可能会掺有添加剂。洗海带后，如果水中有异色就不要吃了。

所以您在挑选海带的时候，要以叶宽厚、色浓绿的为好，紫中微黄、无枯黄叶的海带也为上品。

（张小棠）

小贴士四十九

海带洗不好，食后易中毒

海带富含对人体有益的铁、钙、碘等矿物质和多种维生素以及大量纤维素，但不含脂肪，是人们公认的健康食品。然而，海带等海水生物含砷量较高，如果处置不当，食后有中毒的危险。

干海带只要在水中充分浸泡一昼夜，其间再换两三次水，其含砷

量便可大大降低，一般能达到国家规定标准。可见，健康食品也要科学食用，否则也存在安全隐患。 （晓　明）

小贴士五十

柿子是最好的解酒药

柿子里含有单宁和酶，维生素 C 也比柑橘高出三四倍，这些物质都是醒酒的好帮手。对此，有专家还推荐了两道用柿子制作的美味佳肴，它们不仅有醒酒的功效，还能起到润肺止咳、补气、养血、生津等作用。

一是柿子黑豆汤。用柿子与黑豆一起煮 20 分钟后食用，不但滋味好，还能起到清热止咳的功效；二是将菠萝和柿子切碎，拌在一起，再添加一些核桃仁、葡萄干、蜜枣、白糖或蜂蜜，一款美味的酿柿子就制成了。 （严双红）

小贴士五十一

西红柿：天然的溶栓剂

苏格兰阿伯丁劳伊特研究所的研究人员发现，西红柿中含有一种人们从未认识的物质——天然的水杨酸（阿司匹林）。现在阿司匹林已被广泛地用于抗血栓治疗，但会造成患者胃部不适和出血。研究人员为了证实西红柿的溶栓效果，对一小群志愿者进行了实验，结果显示，每人一次吃 4 个西红柿，其所含阿司匹林就可将血小板的活性降低 72%，而且不会造成胃出血。

该研究报告称，西红柿是抗血小板聚集的化学物质的最佳来源。此外，草莓、樱桃、葡萄、柚和生姜、洋葱等也含有小剂量的与水杨酸十分相似的物质。因此，专家们认为，中老年人多吃上述水果和蔬菜，从中得到些阿司匹林是十分有益的，既可达到抗血栓的作用，又不至于因药物剂量过大而产生不良反应。 （增　福）

小贴士五十二

西红柿熟吃保健效果好

西红柿是国内外公认的保健食品，它含有丰富的维生素 C 和番茄红素。番茄红素是使西红柿呈现红色的天然色素，是一种很强的抗氧化剂，具有抗氧化损伤、抗动脉粥样硬化和保护血管内皮的作用，以及抗癌和防癌的作用。

由于高温可使西红柿细胞破坏，使其中的番茄红素更好地释放出

来，而且由于番茄红素为脂溶性，烹调时所用的油有助于番茄红素的释放和吸收，从而更好地发挥作用，因此西红柿熟吃保健效果更好。另外，西红柿皮中也含有大量的番茄红素，所以连皮食用营养价值更高。

（柳 春）

小贴士五十三

食用番茄酱可保护心脏

美国、苏格兰等国的科学家经多年研究后发现，经常食用番茄酱可预防心血管疾病。

科学家们先后研究了 1379 名患有心肌梗死的男子和同样人数健康男子的身体状况。结果发现，健康男子体内名为番茄红素的抗氧化剂含量很高。正是番茄红素使其患心脏病的可能性减少了一半，而且番茄红素可保护机体细胞免遭破坏。番茄红素存在于熬制的番茄酱中和煎炒的番茄菜肴中，而在生番茄中则含量较少。　　（项觉修）

小贴士五十四

适量吃葡萄可减少有害胆固醇

墨西哥医学专家研究发现，葡萄内所含的黄酮类物质有助于减少血液中的有害胆固醇，还有防癌作用。

葡萄（特别是葡萄皮）中含有的黄酮类物质，能促使血中的高密度脂蛋白升高。高密度脂蛋白可将有害胆固醇从肝外组织转运到肝脏进行代谢，从而降低血中有害胆固醇，防止动脉粥样硬化，保护心脏。此外，葡萄里的黄酮类物质还有防癌作用。

专家建议，每天吃 12 颗葡萄比较适宜，红、绿葡萄均可。过量食用可能导致甘油三酯含量增加，而且葡萄含糖较高，对糖尿病患者不利。

（欣　华）

小贴士五十五

紫葡萄汁可防心脏病

美国一项研究证明，每天喝 224 ～ 280 克紫葡萄汁对血液中的血小板凝集有抑制作用，从而可预防心脏病。在与橙汁及柚子汁的对比试验中，研究人员发现，葡萄汁对心脏病的预防作用最好，而且紫葡萄汁优于白葡萄汁，紫葡萄汁甚至比预防心脏病的常用药物阿司匹林效果还好。研究证明，紫葡萄汁中所含的黄酮类和多酚类物质是有效成分。

此项研究是由威斯康星大学医学院的约翰·福尔茨博士主持的。福尔茨博士是 20 年前发现阿司匹林能抑制血液凝固并对心脏病可能有预防作用的首批科学家之一。

（孙　逢）

小贴士五十六

胡萝卜怎么吃最营养

胡萝卜所含的胡萝卜素是人体获得维生素 A 的最佳来源。但胡萝卜素是维生素 A 的前身，不能直接被人体吸收利用，这就要求食用胡萝卜要得法。

胡萝卜的吃法很多，可以洗净后当水果生吃，切丝凉拌吃，炖在肉里吃，或榨汁儿喝。

胡萝卜素是脂溶性物质，只有溶解在油脂中才能被人体吸收，并在胡萝卜素酶的作用下转化为维生素 A。由此看来，胡萝卜与肉同炖，或用油炒是最科学和最营养的吃法。 　　　　　（肖　明）

小贴士五十七

防癌食物：胡萝卜

日本人称胡萝卜为健康保护神。日本学者最新研究发现，如果给肝癌患者补充适量的 β－胡萝卜素，呈高值的癌变细胞会有所下降。胡萝卜素能增强人体的抗癌能力，是因为它在体内可转化为维生素 A，而维生素 A 不仅对眼睛和皮肤有保健功能，对胃、膀胱、结肠、乳腺等器官的癌细胞均有抑制作用。而且胡萝卜素还含有维生素C和木质素等多种成分，同样具有抗癌功效。

胡萝卜素是脂溶性维生素，无论烧煮或炖汤都不易被破坏。如果与肉类同食，更易于吸收。 　　　（顾世显）

小贴士五十八

生吃萝卜有好处

我国科研人员经过 20 多年的研究与筛选，先后在 10 种蔬菜中发现了干扰素诱生剂，其中以萝卜的含量最高。

干扰素的作用是干扰病毒的复制和增殖。萝卜中含有的干扰素诱生剂不仅能刺激细胞产生干扰素，而且对癌细胞也有显著的抑制作用，其中所含的木质素和辛辣成分还可促进巨噬细胞活力，有防癌的功效。此外，因萝卜中含有丰富的膳食纤维，故能通便、抗菌、降低胆固醇，预防胆结石、高血压和冠心病。

食用萝卜，只有生吃、细嚼才能使其中的有效成分释放出来。如煮熟后食用，则有效成分易被破坏。生吃萝卜半小时内不宜吃其他食物，不然有效成分被稀释则失去应有的作用。食用量一般以每日或隔日 100 ~ 150 克为宜。

（顾世显）

小贴士五十九

菠菜拌豆腐，夏季好菜肴

曾几何时，菠菜和豆腐不能一起吃的说法广为流传，且人们深信不疑。然而，近年来的研究结果表明，菠菜和豆腐一起吃，不仅不是禁忌，而且还作为黄金搭档而大力提倡。

除了最常吃的菠菜炖豆腐外，盛夏时节，一道既好看又好吃的凉拌菠菜豆腐，会使您胃口大开。

小贴士六十

日本人的保健食品——紫菜

日本人的平均寿命雄居世界之冠,他们究竟有什么独特的保健品?梅干、纳豆和紫菜被认为是这个岛国最大众化的保健食品,其中的紫菜备受青睐。

紫菜含有 12 种维生素和多种矿物质,特别是维生素 B_{12} 含量丰富。维生素 B_{12} 有活跃脑神经,预防衰老和记忆力衰退,改善忧郁症之功效。紫菜没有热量,最适合中老年人补充维生素 B_{12}。每天只要食用 3 片紫菜,便可补充人体一天所需的 2.4 毫克维生素 B_{12}。

紫菜富含钙、钾、碘、铁和锌等矿物质。1 片紫菜的铁含量与 1 块猪肝差不多,2 片紫菜相当于 3 瓶牛奶和 1 个鸡蛋的含铁量。因此,经常食用紫菜可以预防缺铁性贫血。

(雪　辉)

小贴士六十一

韭菜香菜,去根半寸

韭菜在生长过程中非常容易生虫子,于是很多农户就使用"灌根生长法",将农药顺着韭菜的根部倒在土壤里,因此韭菜就成了农药残留的"重灾区"。

同样的还有香菜,过去的香菜一般只有手掌般长短,要长半个月左右,现在的香菜比过去长了好几倍,但生长周期却只有短短的 3 天,这也是使用"灌根生长法"的结果。

选择这两种蔬菜的时候,最好选短的、矮的,而且食用时一定要把根部切掉至少半寸以上,因为根部是农药残留最多的地方。(卢　宏)

小贴士六十二

芹菜叶比茎更有营养

不少家庭吃芹菜时只吃茎不吃叶。其实芹菜叶中的营养成分远远高于芹菜茎，营养学家曾对芹菜的茎和叶进行过 13 项营养成分测试，发现芹菜叶中有 10 项指标超过了茎。叶中胡萝卜素含量是茎的 88 倍；维生素 C 的含量是茎的 13 倍；维生素 B_1 是茎的 17 倍；蛋白质是茎的 11 倍；钙超过茎 2 倍。可见，芹菜叶的营养价值的确不容忽视。

（戴祖义）

小贴士六十三

芹菜生吃能降压

芹菜含有多种维生素，其中的维生素 P 可降低毛细血管的通透性，增加血管弹性，具有降血压、防止动脉硬化和毛细血管破裂等功能，是高血压患者和中老年人的理想食品。但是，芹菜的降压作用炒熟后并不明显；最好生吃或凉拌，连叶带茎一起嚼食，可以最大限度地保存营养，起到更好的降压作用。

（张守智）

小贴士六十四

木瓜籽能防动脉硬化

我们吃木瓜时常将瓜瓤里黑色的籽扔掉。其实，在炖肉时放点木瓜籽对预防动脉硬化很有功效，方法是将一小把（约 30 粒）木瓜籽放进纱包里，与肉一起放入锅内炖熟即可。木瓜籽虽然不能直接吃，但其含有的油酸、亚油酸和角鲨烯，能调整人体中好坏胆固醇的比例，避免因摄入的肉类过多导致胆固醇过高引起动脉硬化。另外，木瓜籽富含钾，能促使体内过剩的钠排出体外，降低血压。

（司兆奎）

小贴士六十五

南瓜籽不宜多吃

有人听说南瓜籽有降糖作用，所以没事就吃，其实这是错误的。一是南瓜籽本身没有降糖的功效，二是南瓜籽虽然含有较少的糖和膳食纤维，但它含有的脂肪和蛋白质较高，多食同样不利于控制糖尿病的病情。因此，南瓜籽这一类坚果不宜多吃。 （申　生）

小贴士六十六

喝黄瓜汁比整根儿吃好

美国营养专家发现，长期饮用黄瓜汁能起到有效防治脱发、指甲劈裂及记忆力减退的作用。而且，每天饮用一杯黄瓜汁比直接吃掉整根儿黄瓜的效果要好。

此外，黄瓜还有利尿、强健心肌和血管，调节血压，预防心肌过度紧张和动脉粥样硬化的功效。 （王福先）

小贴士六十七

吃黄瓜别扔黄瓜把儿

黄瓜是家庭餐桌上的"常客"，吃黄瓜时，一定不要把黄瓜把儿扔掉。

黄瓜把儿含有较多的苦味素，苦味成分为葫芦素C，是难得的排毒养颜食品。动物实验证实，这种物质具有明显的抗肿瘤作用。

（王秀艳）

小贴士六十八

橘子也应洗后吃

人们吃苹果、葡萄等水果时，很自然地要洗净再吃。但在吃橘子时却很少有人想到要洗一洗。其实，吃橘子不洗，是很不卫生的。

市场上很多橘子都是露天摆放的，橘子皮难免被病源微生物污染。即使用塑料袋包装的橘子，也很可能有农药残留。人们在剥橘子时，手上会不可避免地沾上橘子皮上的污染物。这样，污染物很容易进入体内。所以，吃橘子时也要认真清洗，防止病从口入。　　（赵建文）

小贴士六十九

每天吃两个柑橘可防癌

日本科学家的一项新研究发现，柑橘有抑制癌症发生的作用。

科研人员对180名健康者血液里的玉米黄质含量进行比较后发现，食用柑橘越多的人，血液中玉米黄质的含量就越高。而对100名大肠癌和肺癌患者血液进行的检查结果则表明，他们血液中玉米黄质含量要比健康者低大约20%。

为此，医学专家建议说，每天吃2个柑橘，有望获得抑制癌症发生的作用。　　（肖　卉）

小贴士七十

吃橙子可防胆结石

美国曾有一项调查显示，橙子中的维生素C可抑制胆固醇在肝内转化，使胆汁中胆固醇的浓度下降，从而形成胆结石的机会也就相应地减少。此外，橙皮中所含的果胶也可以促进食物通过胃肠道，使胆固醇更快地随粪便排出体外，以减少胆固醇的吸收。因此，得了胆结石的人，除了吃橙子外，用橙皮泡水喝，也能起到不错的治疗效果。

除了橙子以外，猕猴桃、鲜枣、草莓、枇杷、柿子等水果维生素C的含量也高，常吃对预防胆结石也有益。　　　　　　　（苏　民）

小贴士七十一

每天一个柚子可防心血管病

以色列科学家通过长期研究发现，柚子中含有抗氧化剂，可以有效地降低胆固醇，防治心脏病。

研究结果显示，每天食用一个红柚或白柚的患者，比那些没有食用柚子的患者血脂明显降低，并且食红柚的人比食白柚或金色柚子的人取得了更为明显的降脂效果，特别是对降甘油三酯效果更加明显。研究人员认为，柚子中含有的抗氧化剂对降血脂发挥了重要作用。

（邓　竹）

小贴士七十二

蓝莓有助于抑制动脉硬化

美国农业部资助的一项研究结果显示，食用蓝莓有助于防止动脉粥样硬化。美国阿肯色医科大学等机构的研究人员在一份报告上说，他们选取30只幼鼠作为实验对象，这些实验鼠身体中都缺乏载脂蛋白E，其血管很容易发生粥样硬化病变。研究人员将这些实验鼠分为两组，在一组的食物中添加适量的冻干的蓝莓粉，另外一组不添加蓝莓粉。20周以后，研究人员发现，食用蓝莓粉的实验鼠主动脉出现粥样硬化病变的区域明显小于对照组。

研究人员说，这是首次通过研究直接证明食用蓝莓有助于抑制动脉粥样硬化。下一步，他们希望进一步了解蓝莓抑制粥样硬化病变的机制，研究人在孩提时就开始食用蓝莓与今后发生动脉粥样硬化风险之间的联系。

（梅　子）

小贴士七十三

常吃香蕉可防中风

美国心脏病学会对 20～70 岁的 4400 人进行的大规模调查研究证实，长期吃香蕉的人群比不吃香蕉的人群中风比例下降 38%。

原来，香蕉中含有丰富的钾盐。钾盐主要分布在人体细胞内，它维持着细胞内的渗透压，参与能量代谢过程，维持神经肌肉正常的兴奋性，维持心脏的正常舒缩功能，有抗动脉硬化、保护心脏血管的功效。香蕉中还含有降血压的成分。有观察显示，连续一周每天吃两个香蕉者，其血压可下降 10%。香蕉还可以润肠通便，缓解便秘，从而避免老年人由于便秘而用力憋气排便使血压突然升高，故可减少中风的危险。

（项觉修）

小贴士七十四

外皮发黑的香蕉更防癌

日本东京大学药学部研究人员称，香蕉中含有能排解人体内活性氧化物质、提高免疫力的化学物质。当人们摄取香蕉后，这种物质会刺激体内的白细胞，使其数量增多，活动加快。

试验研究证明，买后搁置 10 天左右，外皮发黑的香蕉含上述化学物质，比刚买来的香蕉更丰富，更能提高免疫力和防癌作用。因此，有些人一看到香蕉皮变黑，就将其扔掉，实在很可惜。　　（学　宇）

小贴士七十五

火龙果带皮吃能降血压

火龙果是一种低热量的水果，含有丰富的水溶性膳食纤维，能起到减肥、预防便秘、降低胆固醇等功效。

很多人在吃火龙果的时候，只吃白色带黑籽的果肉，却把营养物质丰富的内层果皮丢弃，很是可惜。因为火龙果的内层果皮含有非常珍贵的营养物质——花青素。花青素是一种强于胡萝卜素 10 倍以上的抗氧化剂，能在人体血液中保存活性 75 小时。它能够增强血管弹性，降低血压；增进皮肤的光滑度，美丽肌肤；改善关节的柔韧性，预防关节炎；改善视力等。因此，在吃火龙果的时候，尽量不要剔掉内层的粉红色果皮。

（王兴国）

小贴士七十六

吸烟者多吃梨可少患癌症

梨含有充足水分及一些葡萄糖、蔗糖，还有维生素 A、B、C、D、E 和微量元素碘，并能提供纤维素和钾离子。经常食用梨不仅能预防便秘，而且能促进人体内致癌物质的排出，还有一定量的蛋白质、脂肪、胡萝卜素、维生素 B_1、维生素 B_2 和苹果酸等。能帮助器官排毒，净化机体，软化血管，促进血液循环，把血中的钙质运送至骨骼，增强骨钙质。研究人员对吸烟者进行试验，让他们在 4 天内连续吃 750 克梨，然后测定吃梨前后尿液中多环芳香烃的代谢产物 1- 烃基芘的含量。结果发现，吸烟 6 小时后吃梨，人体血液内 1- 烃基芘毒素会经尿液大量排出；如果不吃梨子，1- 烃基芘毒素排出量很少。而且加热后的梨汁含有大量的抗癌物质多酚，给注射过致癌物质的小白鼠喝加热的梨汁，小白鼠尿液中就能排出大量的 1- 烃基芘毒素，从而可以预防癌症。

（洪　梅）

小贴士七十七

梨籽能降胆固醇

我们吃梨的时候，一般都会扔掉梨籽。其实梨籽也是一味良药，可以有效地降低胆固醇。梨籽中含有木质素，是一种不可溶纤维，能在肠中形成橡胶质的薄膜，与体内的胆固醇结合并将其排出体外，特别适宜高胆固醇症的患者辅助食疗。将梨籽收集在一起，洗干净后阴干，碾成细末，每次取 2 ～ 3 克，温水送服，每日 1 ～ 2 次。 （刘 慧）

小贴士七十八

嚼苹果核等于吃"毒药"

众所周知，苹果富含维生素 C、维生素 E、多酚和黄酮类物质，它们都是天然抗氧化剂，对预防心脑血管疾病尤其有效。苹果的含钙量比一般水果丰富得多，可帮助代谢掉多余的盐分，有助于减肥。

但是苹果核中含有氢氰酸却少有人知。澳大利亚研究人员发现，苹果核含有少量有害物质——氢氰酸。氢氰酸大量沉积在身体中，会导致头晕、头痛、呼吸速率加快等症状，严重时可能出现昏迷。但也不必过分担心，苹果中的氢氰酸主要存在于果核中，果肉里并没有。需要提醒的是：吃苹果时习惯啃到果核，虽不会马上中毒，但长期这样吃，的确对健康不利。 （李洪梅）

小贴士七十九

蘑菇加绿茶可防乳腺癌

澳大利亚西澳大学的研究人员，对中国杭州市 2018 名女性（其中一半是乳腺癌患者）的饮食习惯进行了调查。结果显示，多吃蘑菇可减少患乳腺癌的风险。研究人员称，中国女性患乳腺癌的比例只为发达国家女性的 1/5，原因可能与中国女性常吃蘑菇有一定的关系。即使每天只吃 10 克蘑菇也会有益，而且鲜蘑与干蘑的效果一样。如果吃蘑菇的同时再多喝绿茶，则效果会更好。 （新　心）

小贴士八十

鲜金针菇有毒

未熟透的鲜金针菇中含有秋水仙碱，人食用后容易因氧化而产生有毒的二秋水仙碱，一般在食用 30 分钟至 4 小时内，会出现咽干、恶心、呕吐、腹痛、腹泻等症状。秋水仙碱易溶于水，所以新鲜的金针菇食用前，应在冷水中浸泡两小时；烹饪时要把金针菇煮软煮熟，使秋水仙碱遇热分解；凉拌时，除了用冷水浸泡外，还要用沸水焯一下，让它熟透。 （王德芳）

小贴士八十一

蘑菇补碘更健康

蘑菇是真菌类的植物，全世界可食用的蘑菇估计有 2000 种，其中有医疗价值的蘑菇大约有 700 种。在不同品种的蘑菇里，大都含有维生素 B_1、维生素 B_2、烟酸、泛酸和维生素 H。蘑菇多糖是蘑菇里重要的生物活性成分，具有很强的调节免疫功能的作用，能增强抗菌和抗病毒感染的能力。不仅如此，蘑菇还是一种含碘丰富的食品。因此，为了补碘可多吃些蘑菇、葵花子和虾等含碘丰富的食物。 （杨　展）

小贴士八十二

红辣椒炒鸡蛋有益于美肤

美国《预防》杂志刊文指出，红辣椒加鸡蛋有益于皮肤健康。

红辣椒含有大量抗氧化、防衰老的维生素 C，50 克左右的红辣椒就能提供人体每日的维生素 C 的需求量。英国研究人员对 4025 名摄入维生素 C 的女性观察发现，她们出现皮肤干燥和皱纹的现象减少了许多。皮肤细胞的代谢离不开蛋白质，而鸡蛋正是蛋白质丰富又容易获得的重要来源。所以要想皮肤好，可常吃红辣椒炒鸡蛋。（曲　莹）

小贴士八十三

饮茶的误区

用沸开水泡茶会大量破坏维生素 C，不会　因为茶汤中的茶多酚可与促进维生素 C 分解的物质相互作用，从而抑制了维生素 C 的分解。

吃茶比喝茶更有营养，错误　由于茶叶可能有农药残留；茶叶在制作过程中可能受到因有机物的不完全燃烧而产生的致癌物的污染。另外，茶叶中还含有一些微量的有害金属元素，因而吃茶不安全，更谈不上有营养。

喝隔夜茶同样有益健康，非也　隔夜茶由于茶叶浸泡时间过长，茶汤里许多有效成分会失去。同时隔夜茶极易受到周围环境中微生物的污染。

浓茶可以解酒醉，不行　茶中的咖啡碱和酒中的乙醇具有相加性，酒醉后饮浓茶危害更大。

孕妇不能饮茶，误解　茶叶中含有的锌和锰都是孕妇极为需要的微量元素，有利于胎儿的发育和产妇的分娩。

新茶要放一段时间才能饮用，片面　带有"生青"气味的新茶是要放一段时间后才能饮用，如无"生青"气味则可马上饮用。多数茶叶在制作过程中已达到熟透程度，买来即可饮用。　　（程柱生）

小贴士八十四

剩茶是养人的宝

早晨，用味道没有明显改变的隔夜茶水刷牙、漱口，能预防牙龈出血，杀菌消炎。

用喝剩的茶水洗脸，皮肤好，不起斑。脸上如因为上火起疹或皮肤瘙痒等，用剩茶水洗洗，可光洁皮肤，避免瘢痕和暗沉。

用剩茶洗头，可以缓解头皮湿气、瘙痒。眼睛疲劳，红肿充血，也可以用剩茶水洗洗。

茶水对末梢神经有辅助解痉作用，晚上用来泡脚，睡得也好。（张守智）

小贴士八十五

喝茶可以壮骨

台湾国立成功大学的专家通过一项调查发现，每天有喝茶习惯的人具有更强壮的骨骼，到中年以后能防止骨质疏松症的发生。这些专家调查了30岁以上的497名男性和540名女性，其中48.4%的人有10年左右的茶龄。通过骨骼检查发现，坚持平均每天喝两杯茶至少6年以上的人比其他人骨骼更加强壮。保持喝茶习惯的时间越长，效果越明显。那些具有12年以上茶龄的人骨质密度比一般人高出6.2%。

与之相反，坚持喝茶不到5年的人与没有喝茶习惯的人则区别不大。专家认为，茶里面含有的氟化物、咖啡因等成分长期潜移默化地起到壮骨的作用。

（周鑫宇）

小贴士八十六

喝茶不宜加牛奶

德国柏林大学的研究人员发现，喝茶可以改善血流状况，并促使动脉松弛。不过，一旦在茶里加入牛奶，就会抵消茶对心血管的保护作用。

在这项研究中，研究人员让16名健康女性分别喝了热水、红茶和奶茶，并在她们喝茶前后2小时，利用超声波测量她们前臂动脉血管的血流状况。结果显示，只喝纯红茶比只喝热水更能明显改善血流，在茶中加入牛奶者则效果受到影响。研究人员在老鼠身上所进行的实验也取得了类似的结果。

（方留民）

小贴士八十七

健康忌饮六种茶

饮茶有益健康，但有六种茶却对健康有害无益。

过浓的茶 浓茶咖啡碱含量过多，可导致神经过度兴奋，特别是晚上会影响睡眠，还可促使心跳加快、胃酸分泌过多，对于冠心病患者和胃十二指肠溃疡患者有害。

过焦的茶 烘茶时火温太高茶叶被烤焦即产生有烟焦味的茶，此茶中含有较多的苯并芘（一种致癌物），久喝易患癌。

隔夜的茶 隔夜茶茶汤中的有效成分会发生自动氧化，使茶汤色暗、味差，失去茶的品尝价值，也降低了茶的营养价值；同时，搁置时间过久的茶汤容易受到周围细菌的污染。

过烫的茶 高温反复刺激可对咽喉和食管产生慢性热损伤，使人易患食道癌。另外，烫茶能损伤口腔黏膜造成溃疡，并可破坏舌头味蕾，影响味觉神经。

霉变的茶 出现霉花和菌丝，并有霉味的茶绝对不可饮用。

多次冲泡过的茶 茶叶一般冲泡三四开就可以了，多次冲泡的茶对健康无益。

（程柱生）

小贴士八十八

每天喝5杯茶防记忆力减退

英国纽卡斯尔大学药用植物研究中心的科学家对红茶和绿茶进行了一系列试验后得出结论，长期大量喝茶（每天5～10杯）有助于脑健康。茶叶中的化学成分能阻止脑部的神经递质乙酰胆碱的过度流失，从而有助于记忆力的保持。临床证明，老年痴呆症患者脑部的乙酰胆碱水平都非常低，所以目前治疗这一病症就是通过服药使患者脑部的乙酰胆碱提高到正常水平。另外，因衰老引起的记忆力减退也与乙酰胆碱的减少有关，而乙酰胆碱的减少是人脑衰老的必然过程。

科学家发现，茶叶中所含的化学物质恰好能保持脑部的乙酰胆碱量，不致让它降至过低的水平。红茶和绿茶都能阻止脑部两种生化酶对乙酰胆碱的破坏，而绿茶中的有效成分还能阻止第3种生化酶对乙酰胆碱的破坏。另外，绿茶的这一效力可以持续一周左右，而红茶的效力只能维持一天。因此绿茶对预防记忆力减退效果要比红茶好。

（周鑫宁）

小贴士八十九

老年人喝茶益于心脏

美国哈佛大学医学院研究人员对1900名60岁以上的心脏病患者进行了跟踪调查，结果发现，那些每周喝茶超过14杯的患者，比不喝茶的患者心脏病病死率要低44%。研究还表明，即使患者平均每周喝茶少于14杯，也有可能使心脏病病死率降低28%。研究人员认为，喝茶之所以对降低心脏病病死危险会有帮助，主要可能归功于茶叶中所含的天然抗氧化剂类黄酮。此前的研究表明，类黄酮有降低心血管疾病发病率和病死率的作用。

（项觉修）

小贴士九十

绿茶抗癌的奥秘

西班牙穆尔西亚大学和英国约翰·英尼斯中心研究人员发现，绿茶中一种叫做绿茶多酚的物质，能防止癌细胞与二氢叶酸还原酶（DHFR）的结合生长。

英尼斯中心索恩利教授说："我们首次发现绿茶多酚能阻止DHFR，这种酶是抗癌药物针对的目标。"

绿茶中的绿茶多酚含量是普通茶叶的5倍，绿茶能减少某些癌症的发生。但是科学家过去不清楚是什么物质在起预防作用，所以也无法确定人一天应该喝多少绿茶才有效果。

索恩利教授说，绿茶多酚可能只是绿茶中有抗癌作用的物质之一。他们还发现，绿茶多酚分子结构与抗癌药甲氨蝶呤相近，但它不会产生抗癌药那样对健康细胞的损害。

（古　勤）

小贴士九十一

绿茶防中风

日本科学家公布的最新研究成果表明，喝绿茶不仅有助于延年益寿，还可降低中风的概率。

这项研究是由仙台东北大学公共政策学院栗山信一博士及其同事进行的，历时11年，共对4万多名日本人展开跟踪调查。

研究结果表明，平均每天至少喝5杯绿茶的人与每天喝绿茶不多的人相比，前者死亡率比后者低16%；平均每天至少喝5杯绿茶的女性死于中风的概率比其他女性低62%，她们死于心血管疾病的概率比其他女性低31%；对男性而言，喝5杯以上绿茶的人中风的概率比其他人低42%，患心血管疾病的概率低22%。

（项觉修）

小贴士九十二

喝绿茶有助于防晒

美国阿拉巴马大学对绿茶的防晒问题进行了研究。他们发现，阳光中的紫外线会刺激皮肤产生大量过氧化物，使人的皮肤变得粗糙和失去弹性。

科学家们请试验者分别涂抹了由绿茶中提取出来的儿茶素和不具有任何效用的安慰剂，再请每个试验者站在强烈的阳光下，结果发现，事前涂抹了儿茶素的人，皮肤中的过氧化物含量较另一组少了 $1/4 \sim 1/3$，即皮肤受阳光损害的程度较轻微，从而证明绿茶中的儿茶素具有抗氧化功用，并因此有助于防晒。

另一项研究显示，如果仅仅是饮用绿茶，其防晒效果会跟涂抹绿茶护肤品的效果相同。因此，夏季喝绿茶不仅能降暑还能防晒。

（陈　思）

小贴士九十三

喝绿茶可降低脑梗死死亡风险

日本东北大学公共卫生学副教授栗山信一等从 1994 年起，以日本东北地区宫城县 4 万多名 40 ～ 79 岁的中老年人为对象，实施跟踪调查。他们按照调查对象每天喝绿茶的量，将其分成 4 组。

分析结果显示，在适量喝茶的范围内，调查对象喝绿茶的数量越多，因脑部疾病或心脏等循环系统疾病死亡的风险越小。其中，脑梗死死亡风险的下降幅度最为明显，男性可下降 42%，女性下降 62%。

栗山信一指出，喝绿茶能降低脑梗死死亡风险可能与绿茶中所含的儿茶素有关。儿茶素是茶多酚的主要成分，后者在茶叶中的含量通常达到 20% ～ 30%。此前的研究认为，茶多酚具有降血脂、降血压等作用。

（新　华）

小贴士九十四

喝红茶有助于预防帕金森病

新加坡国立大学杨璐龄医学院和新加坡国立脑神经医学院联合开展的一项科学研究证实，红茶中的酶有助于预防帕金森病，经常喝红茶可减少患帕金森病的危险。

他们通过对 6.3 万名 45～74 岁新加坡居民的调查发现，每月至少喝 23 杯红茶的受调查者患帕金森病的概率比普通人群低 71%。

（项觉修）

小贴士九十五

乌龙茶有助于降血糖

日本人喜饮乌龙茶，他们与我国台湾学者合作进行了乌龙茶降血糖的研究，结果发表于世界著名的糖尿病杂志上。

研究选择 20 例 II 型糖尿病患者，选用我国内地产乌龙茶，让他们每天将 15 克乌龙茶用 1500 毫克开水冲泡 10 分钟，无论口渴与否在一天内分 5 次饮完。持续饮 4 周，观察其间的血糖变化。

为了严格科学性，避免可能的因素干扰，前 4 周一半患者饮茶，另一半患者饮水，后 4 周互相交换。

在饮乌龙茶 4 周后，20 例患者的血糖由平均 12.7 毫摩尔/升降至 9.0 毫摩尔/升；在饮水的 4 周内，为 11.6 毫摩尔/升和 12.9 毫摩尔/升，变化不大。由此可见，乌龙茶对 II 型糖尿病患者在服用降糖药期间有辅助降糖作用，或者更确切地说，是抗高血糖作用，因为它并不使正常血糖降低。

（张家庆）

小贴士九十六

啤酒致病知多少

近年的医学研究发现，如果人们长期大量饮用啤酒，会对身体造成损害，专家称之为"啤酒病"。

啤酒心 在酒类饮料中，啤酒的酒精含量最少，一升啤酒的酒精含量相当于一两多白酒的酒精含量，所以有的人把啤酒当做消暑饮料，一天喝上三五瓶。啤酒中含酒精虽少，但如果无节制地饮用，体内累积的酒精也会损害肝功能，增加肾脏的负担，心肌组织也会出现脂肪细胞浸润，使心肌功能减弱。加上过量液体使血循环量增多而增加心脏负担，致使心肌肥厚、心脏增大，形成"啤酒心"。

啤酒肚 由于啤酒营养丰富、热量大，长期大量饮用会造成体内脂肪堆积，致使大腹便便，形成"啤酒肚"。

结石和痛风 因为酿造啤酒的大麦芽汁中含有钙、草酸、鸟核苷酸和嘌呤核苷酸等，它们相互作用，能使人体中的尿酸量增加一倍多，不但能促使胆肾结石形成，而且可诱发痛风症。

胃肠炎 大量饮用啤酒，能使胃黏膜受损，造成胃炎和消化性溃疡。许多人夏天喜欢喝冰镇啤酒，入口温度仅 5℃ ~ 6℃，可致胃肠道温度下降，毛细血管收缩，使消化功能下降，严重者可致痉挛性腹痛和寒冷性腹泻。

癌症 饮啤酒过量还会降低人体反应能力。美国癌症专家发现，长期大量饮啤酒的人患口腔癌和食道癌的危险性要比饮烈性酒的人高3倍。

铅中毒 啤酒酿造原料中含有铅，大量饮用后，血铅含量升高，使人智力下降，反应迟钝，严重者还会损害生殖系统，致性功能减退、阳痿等；老年人易致老年性痴呆症。 （王志振）

小贴士九十七

啤酒比烈酒更易引发痛风

美国马萨诸塞总医院一个研究小组的科学家，在 12 年中对 4.7 万名男性进行了跟踪调查，其中 730 人患有痛风。他们的调查不仅证实了贪杯的人容易患痛风，并且还发现过多地饮用啤酒更容易引发痛风。

该研究指出，每天喝 2 ～ 3 杯啤酒的人患痛风的危险性是不喝啤酒者的 2.5 倍，每天喝同样分量烈性酒的人患痛风的危险性比不喝酒的人高 1.6 倍，而每天喝两小杯葡萄酒则不会增加患痛风的危险。这说明，不是酒精，而是酒里的一种叫做嘌呤的化学物质引发了痛风。因为啤酒里的嘌呤含量比其他酒类高，所以才会加大患痛风的危险。

（龙 青）

小贴士九十八

每天一杯红酒可预防老年痴呆

德国曼海姆精神健康中心研究所的研究团队选取 3000 多名老年人进行研究后发现，年龄在 75 岁以上的老年人，如果每天喝 1 品脱（500 毫升左右）啤酒或 1 杯葡萄酒，有助于预防衰老。适量饮酒与完全戒酒的人相比，前者患上老年痴呆症的可能性会降低 30%。

大部分的研究证实了轻度到中度的饮酒可以让认知功能更加完善，降低患上老年痴呆症（包括血管性痴呆症和阿尔茨海默氏病）的可能性。而这次研究的独到之处在于样本量较大，所选取的老年人平均年龄在 75 岁以上，远比之前的研究要高。因此，专家认为，老年人比年轻人在对待酒精饮料时会更克制，适量饮酒会让他们获得更好的健康功效，高龄并不是他们戒酒的原因，当然，患有心脏病等慢性病的老人须谨慎。

（小 甜）

小贴士九十九

梨汁葡萄酒

梨性寒味甘，具有清肺润燥、止咳化痰的功效。梨汁与红葡萄酒搭配不仅能养肺利咽，延缓肺脏的衰老，还能促进血液循环，防止细胞和器官老化。另外还具有温暖胃肠的作用。梨100克，洗净去皮、去核，切成小丁后加入红葡萄酒300毫升，加热煮沸，待凉后放入密封瓶中备用。每天早晚各饮1次，每次30～50毫升。

小贴士一零零

大蒜葡萄酒

大蒜可降血脂，所含大蒜素能降低血液中的不良胆固醇，与红葡萄酒配伍，能明显促进血栓素的下降，使动脉粥样硬化斑块消退。大蒜葡萄酒中的大蒜素、多酚等有效成分能营养视神经，减轻白内障、飞蚊症、老花眼等眼病的症状，并可增进细胞活力，久服后明显感觉心脏年轻，搏动有力。取大蒜25克，去皮拍碎，捣成蒜泥后静置5～10分钟，放入500毫升红葡萄酒中，搅拌均匀即可。每天饮1～2次，每次30毫升左右，饭后饮用。

小贴士一零一

洋葱葡萄酒

洋葱是目前所知唯一含有前列腺素A的植物，洋葱中硫化合物、类黄酮醇化合物含量极其丰富，美国癌症研究所把洋葱列为预防癌症的食物。洋葱与红葡萄酒搭配，能明显增强人体的免疫力，特别是在降低血液黏稠度、增加冠状动脉血流量、预防血栓形成方面有明显的作用。同时，食用洋葱有益于糖尿病的治疗。取紫皮洋葱1～2个(150～300克)洗净，切成细丝，加入1000毫升红葡萄酒中，于阴凉处放置1周后即可饮用。每天饮1～2次，每次25～50毫升。

小贴士一零二

喝咖啡能降低糖尿病的发病率

据《美国医学会杂志》报道，芬兰国家公共健康研究院的研究人员对 1.6 万名芬兰人进行了长期的跟踪研究，发现每天喝 3 ~ 4 杯咖啡的女性，其糖尿病发病率降低了 29%，每天喝 10 杯以上咖啡的人则降低了 79%。而在男性中，这两个数字则为 27% 和 55%。

哈佛大学医学院科研人员在对 12.6 万人的为期 18 年的调查中发现，每天喝 3 杯以上咖啡的男性糖尿病发病率降低了 54%，女性则降低了 30%。此外，荷兰的一项规模较小的人群调查也得出了同样的结论。

（项觉修　孙　芹）

小贴士一零三

喝咖啡可防胆结石

美国科学家公布了一项研究成果，每天饮用 2 ~ 3 杯咖啡的人，其患胆结石的危险比平时不喝咖啡的人要低 4%；如果每天饮用 4 杯或 4 杯以上咖啡，其危险则可以降低 45%。

1996 年，研究人员在 40 ~ 75 岁的 4.6 万名男性卫生工作者中就 131 种食品的摄入频率进行了研究。这些人在研究开始时均无胆结石病史，在其后近 10 年的随访中发现，1081 人有胆结石症状，其中 885 人接受了胆囊切除手术。在排除结石形成的其他因素后，研究人员认为，出现胆结石症状的危险随着咖啡摄入量的增加而降低。

研究人员解释说，咖啡因可以促进胆囊收缩，同时降低胆汁中胆固醇的浓度，因此能够降低胆结石形成的危险。但只有含咖啡因的咖啡才有此项作用，而饮用咖啡因含量低的其他饮料，则均无此作用。研究人员还指出，饮用咖啡只有预防胆结石的作用，已患胆结石的人饮用咖啡并无治疗作用。

（项觉修）

小贴士一零四

喝咖啡可防辐射

印度巴巴原子研究中心的科学家发现，注射咖啡因可以帮助实验鼠逃过通常会致命的高强度辐射。

该项目主持人乔治及其研究小组给 471 只实验鼠注射了咖啡因，然后将它们暴露于足以致其死亡的伽马射线中。25 天后，研究人员发现，按每千克体重注射 80 毫克咖啡因的实验鼠有 70% 仍然活得很好。相反，没有注射咖啡因对照组的老鼠，在同样辐射下全部死亡。由此可见，喝咖啡可防辐射。

（伊　译）

小贴士一零五

人参蜂王浆不能睡前吃

蜂王浆、蜂乳、人参蜂王浆口服液等保健品，通常被认为是"滋补性饮料"、"高营养滋补佳品"，具有滋补强壮、补益气血的作用。但是，晚间入睡前不要服用人参蜂王浆口服液。因为老年人的血液常处于高凝状态，睡前服用人参蜂王浆口服液，入睡后不仅会使心率减慢，加剧血液黏稠度，还容易引起局部血液动力异常，造成微循环障碍。

（王　增）

小贴士一零六

蜂王浆的作用

美容　蜂王浆是天然美容剂，用于面部和周身美容时，要将蜂王浆稀释 30 倍左右再用。

唇干唇裂　蜂王浆有消炎止痛，促进伤口愈合的作用。涂蜂王浆可立见功效，每天涂 2 次，饭后加涂 1 次。

手足皲裂　老年人脚跟、手指尖容易裂口，可先用热水浸泡一下

手脚，再涂蜂王浆于裂口处，止痛效果好，裂口很快愈合。

口腔黏膜和舌面溃疡 每天涂 8 ~ 10 次蜂王浆可消炎止痛。

烧烫伤 小面积的烧烫伤，涂蜂王浆可滋润疮面，防止感染，促进愈合。

三裂 包括肛裂、阴囊裂、乳头裂，涂蜂王浆有效。

皮肤小外伤、压疮、冻疮 蜂王浆有防感染消炎的作用，用棉签蘸蜂王浆，涂于患处，每天两次或多次。

蜂王浆要新鲜，取出后要冷冻的蜂王浆，不宜常温贮存。

小贴士一零七

蜂蜜水的妙用

1.腹泻易脱水引起酸中毒，危及生命，可喝5%的淡蜂蜜水补液，每次 500 毫升，30 ~ 60 分钟 / 次。可为去医院治疗赢得时间。

2.发烧时需补充水分，可饮用淡蜂蜜水口服补液。

3.一杯温开水，加一匙蜂蜜，每天两次，可止咳祛痰。

4.睡前一小时喝一杯蜂蜜水，可安稳入睡。

5.每天喝两杯蜂蜜水可治便秘。

6.用蜂蜜水含漱，每天数次，可治口腔溃疡。

7.用蜂蜜水清洗伤口，可防感染，愈合快。

（孙立广）

小贴士一零八

蜂蜜疗伤效更佳

德国科学家一项研究发现，蜂蜜治疗某些创伤的疗效优于现代许多抗生素。

波恩大学的医学专家说，用蜂蜜治疗创伤，伤口愈合非常快。实验显示，那些受多种抗药性细菌感染长年难以愈合的伤口，用蜂蜜医治，数周内就愈合了。

蜂蜜具有杀菌功效是因为蜜蜂会产生一种葡萄糖氧化酶，这种酶能确保蜂蜜中含有少量的有效杀菌剂过氧化氢。

另外，美国科学家发现，蜂蜜可有效治疗糖尿病引起的溃疡，使一些溃疡严重的患者免于受到截肢之苦。　　　（申生　王同进）

小贴士一零九

鲜橘皮泡水喝损伤肠胃

把鲜橘皮当做燥湿化痰的陈皮来用，认为常喝鲜橘皮水能防病，其实这是误区。陈皮有理气调中、燥湿化痰的功效，而鲜橘皮含挥发油较多，不具备陈皮那样的药用功效，用鲜橘皮泡水，不但不能发挥陈皮的药用价值，由于挥发油气味强烈，反而会刺激肠胃。因此，不要拿鲜橘皮泡水喝。　　　　　　　　　　　（王玉昆）

小贴士一一零

常喝柠檬汁水可防结石形成

美国《泌尿学学报》刊登一项研究发现，柠檬酸盐不但能绑定尿液中的钙，防止钙沉积形成结石，还能防止更多的结石形成。柠檬酸盐可以通过不同的方式获取，但在柠檬中含量格外丰富。因此宜常饮用柠檬汁。

《泌尿学学报》刊登另一项研究建议，每天取120毫升柠檬汁，以柠檬汁与水2：1的比例兑水饮用，效果良好。柠檬汁稀释后味道更好，尿液量也会大大增加。务必牢记：尿液越浓，肾结石危险越大。

（陈　希）

小贴士————

石榴汁防治血管疾病

美国公布的一个医学研究报告指出，美味可口的石榴汁具有特殊的防治疾病功能，不但有助于防癌，还可舒缓老年痴呆症和心脏病造成的严重影响。根据研究结果，人们只要每天饮用236毫升石榴汁，便可把体内抗氧化物水平提高40%，大大减少患上心血管疾病的机会。

美国加州大学洛杉矶分校医学系博士利克表示，石榴汁对促进心脏和血管健康特别有益，而且有助于对抗癌症的入侵。以色列医学研究员也进行过试验发现饮石榴汁可能有助于推迟老化过程的来临，并且能对抗心脏病。

医学界人士指出抗氧化物是人体内的一种特殊物质，每日适当补充抗氧化物可以大大降低患心血管病和癌症的风险。石榴一直被称作是果蔬中的"抗氧化之王"，石榴汁具有的抗氧化能量远远超过红酒、绿茶和其他果汁。领导研究小组的阿弗拉姆说，在全部接受试验的果汁中，石榴汁具有最强的抗氧化作用，从而能够预防心脏病和动脉硬化。

石榴汁有助于削减血小板的制造量，减幅达到44%，同时，石榴汁可以降低体内制造血小板的坏胆固醇数量，利克博士表示，这是非常重要的一点，因为血小板的积聚数量越多，患上心脏病的机会越大。

（刘素芬）

小贴士——二

长期喝未烧开的水可致癌

氯气处理过的水中可分离出多种有害物质，其中卤代羟和氯仿可致癌。当水烧到 90℃ 时，卤代羟含量可由 53 微克／升上升到 177 微克／升，超过国家标准 2 倍。而当水烧到 100℃ 时，其中的有害物质可因蒸发而大大减少。

有研究显示，长期喝没烧开的水，患膀胱癌和结肠癌的危险可增加 21%～38%。

保温瓶中的水如果再烧开，经再蒸发过程，其中的亚硝酸盐含量增加，同样有害健康。

小贴士——三

多喝水可预防膀胱癌

美国哈佛大学最近公布了一项历经 10 年、涉及 47909 名 40～75 岁男子的研究结果，发现多喝水（每天 6～10 杯）能有效降低患膀胱癌的危险。本项研究探讨了 22 种不同的液体，包括水、茶、果汁等对膀胱癌的预防作用，结果是，只要多喝液体，不管是水还是饮料，甚至是啤酒、威士忌，都能把在美国发病率占第 4 位的膀胱癌的危险降低一半。其机理可能是，流经膀胱的液体可减少潜在致癌物对膀胱壁的刺激。

（项觉修）

小贴士——四

怎样喝牛奶最科学

喝牛奶最佳时间——晚上睡觉前半小时　白天的一日三餐基本能满足人体对钙的需求，如果睡觉前喝一杯牛奶，更有利于夜间补钙，避免骨钙流失。

喝牛奶最佳伴侣——蜂蜜　蜂蜜具有营养神经之功效，可增加机

体对疾病的抵抗力。而牛奶中含有使人镇定的吗啡类物质和另一种叫左旋色氨酸的物质，也有催眠作用。二者同食会增强催眠效果。

热牛奶最佳方法——旺火　用文火煮牛奶的时间长，其中的维生素等营养物质容易受到空气的氧化而被破坏。科学的煮奶方法是用旺火煮奶，牛奶煮开后关火，这样既能保持牛奶的营养成分，又能有效杀死牛奶中的细菌。

保存牛奶最佳温度——0℃～3℃　正确贮存牛奶的方法是将其放入冰箱冷藏室，温度以0℃～3℃为宜，时间不宜过长。切记牛奶不宜冷冻。

（葛登龙）

小贴士——五

饭前喝牛奶可控制血糖

日本国立健康和营养研究所的研究结果显示，在进餐时喝牛奶或吃乳制品可以抑制血糖值上升。

以米饭为基准进行的血糖值上升情况调查结果显示，如果以米饭中摄取的糖分导致血糖值上升程度为100，吃饭前喝了牛奶等乳制品，则可以使血糖值上升程度抑制在70以下。这项研究将有助于预防和治疗糖尿病。

（于长学）

小贴士——六

睡前喝牛奶预防胆结石

胆结石的形成与胆汁郁结有关。

据国外医学研究证明，牛奶具有刺激胆囊排空的作用。睡前喝杯牛奶，经过一夜休息，胆汁就不会在胆囊内郁积、浓缩，从而可以避免胆囊内小晶体的形成，从而预防胆结石的发生。

（刘富章）

小贴士——七

长寿食品——酸奶

在保加利亚南部一个风景如画的山村里,有一位在80岁前一直养牛的百岁老人玛丽亚·绍波娃,她大部分时间都是靠乳制品为主食,尤其是酸奶。

酸奶是维生素B、钙和蛋白质的优质来源,除了有益消化外,酸奶还是非常好的面膜,并能缓解太阳灼伤和治疗鹅口疮。　　(晓　明)

小贴士——八

何时喝酸奶最好

从营养学角度来讲,晚饭后两小时喝酸奶最合适。

晚上喝酸奶,其中的乳酸有助于夜间胃肠的蠕动,可帮助消化,并有助于防止便秘。另外,晚上喝酸奶可在夜间人体不再摄入含钙食物时继续补钙,对防治骨质疏松很有裨益。

一般认为,晚上喝一杯牛奶有利于睡眠。但有些人由于对牛奶不耐受,睡前喝牛奶会引起消化不良,胃肠胀气。如果喝酸奶,就不会有如此弊端了。　　(英　立)

小贴士——九

吃巧克力可增强大脑功能

一项新的研究发现，吃巧克力有助于增强大脑功能。

为研究各种不同的巧克力对大脑所产生的作用，美国西弗吉尼亚大学的研究人员将志愿者分成4组：第一组吃85克牛奶巧克力，第二组吃85克黑巧克力，第三组吃85克含有一些巧克力成分的甜品，第四组作为对照组，吃85克不含任何巧克力成分的食品。

志愿者每次吃完15分钟后，都接受一系列的电脑设计的神经心理测试，以评估记忆力、注意力、反应能力及解决问题的能力。

结果发现，吃牛奶巧克力组的志愿者在语言和视觉记忆力方面的表现大大超过其他三组。此外，吃牛奶巧克力和黑巧克力还可提高控制神经冲动的能力，并缩短反应时间。　　　　　（明　建）

小贴士一二零

巧克力也止咳

英国科学家的一项研究成果显示，巧克力含有一种特殊物质，其止咳作用远比目前临床常用的镇咳药强。

英国帝国理工学院的科学家在《实验生物学联合会杂志》上发表报告说，他们将10名健康志愿者分成3组进行研究，分别让他们服用常用镇咳药可待因、可可碱（巧克力的关键成分）和安慰剂。此后再让他们接触能引发咳嗽的辣椒素。结果发现，服用可可碱者引发咳嗽所需的辣椒素剂量最高。由此说明，可可碱的镇咳作用大于可待因。

（谷　芹）

小贴士一二一

吃黑巧克力能降血压

黑巧克力中所含的一种名为类黄酮的抗氧化剂，能中和人体新陈代谢产生的一种会损害细胞的物质，有益于心脏和血液循环，减轻血液凝结度，有助于降血压和促进食物中糖的代谢。

意大利研究人员在对15名健康人的研究中，让他们每天吃100克黑巧克力，连续15天后，发现他们的血压有所下降，但改吃白巧克力则无类似效果。

因此，研究人员建议，血压高的老年人不妨吃点黑巧克力。

（申　生）

小贴士一二二

多吃核桃可保护心脏

每天吃几个核桃可降低心血管疾病对糖尿病人的影响，能保护糖尿患者的心脏，这是美国营养协会新得出的结论。

据美国糖尿患者协会统计，有63%以上的糖尿病人因患心血管疾病死亡。核桃中含有能平衡脂肪和胆固醇的不饱和脂肪酸等物质，尤其是 $\Omega-3$ 和 $\Omega-6$ 的含量丰富。

法国发表的一份研究报告也证明，上述物质有助于降低心血管患者的猝死率。核桃能降低有害的胆固醇的含量，增加有益的胆固醇的含量。在对心脏有益的食物中，核桃排在首位。

美国营养协会的巴提尔博士说，吃核桃是人们为保护心脏所能做的最容易的事。核桃吃起来很方便，可以生吃，也可以炒熟了吃，可以单吃，也可以同其他食物一起吃。

（欣　华）

小贴士一二三

核桃营养成分优于其他坚果

美国化学学会发表研究报告称，核桃的营养成分超过其他坚果，其抗氧化作用大于原先的预计。

研究人员分析对比了以下 9 种坚果的营养价值：核桃、杏仁、花生、开心果、榛果、巴西坚果、腰果、澳洲坚果以及美洲山核。结果发现，核桃含有的抗氧化成分最高，是一种富含多种维生素和矿物质的高质量蛋白质，而且纤维成分高，属于无乳无麸质食品。

研究人员乔·文森说，过去进行的多项研究发现，每天吃少量坚果可降低罹患一系列疾病的风险，如心脏病、某些癌症、胆结石和Ⅱ型糖尿病等，但这次是研究人员首次将多种坚果的营养成分进行分析比较。

他说，核桃所含的油性为多不饱和脂肪酸以及单不饱和脂肪酸，这些物质不会造成动脉阻塞。此外，此前进行的一项研究也表明，常吃核桃不会造成肥胖。但研究人员建议，进食核桃不宜过多，每天应以 7 颗为妥。

（洪　梅）

小贴士一二四
常吃花生可预防胆结石

美国哈佛医学院两项研究显示，常吃花生者不易患胆结石，并且接受手术治疗的概率也较低。

大部分胆结石是胆固醇性结石，当体内脂类代谢异常时，胆汁中的胆固醇、胆汁酸和卵磷脂比例便失去平衡，胆固醇就会结晶形成胆结石。而花生对胆结石的预防作用，是源于花生具有调节脂类代谢的作用。

（孙 进）

小贴士一二五

芝麻具有护心保肝抗癌的作用

日本科学家的研究表明，芝麻中的芝麻素可以护心保肝，芝麻明则具有良好的抗癌功能。

日本科学家将从芝麻中提取的芝麻素注入患有高血压和肝脏受损的小白鼠体内，小白鼠的血压受到抑制，心血管肥大和肝脏损伤大有减轻，肝功能有所恢复。人体试验结果证实，芝麻素被血液输送至肝脏后可代谢成抗氧化物质，其抗氧化效果大大强于维生素 E，熟芝麻的抗氧化效果更好。

把从芝麻中提取的芝麻明掺入饲料中喂养大白鼠 17 周，头两周给大白鼠注射两次致癌物质亚硝胺，结果食用了芝麻明的大白鼠致癌比例还不到未食用芝麻明的大白鼠的 1/2。研究发现，芝麻明被肠道吸收后起到了清除体内有害物质的作用。芝麻分黑白两种，食用以白芝麻为好，药用则以黑芝麻为佳。

（王 兵）

小贴士一二六

芝麻可降恶性胆固醇

日本医学家将 12 名患高胆固醇者分成两组：一组食用维生素 E，另一组食用芝麻精制的芝麻素，均连服 8 周，对饮食、酒类等不加限制。结果：只食用维生素 E 组的患者胆固醇值没有变化，而食用芝麻素组的患者，胆固醇值平均下降 8.5%，其中 LDL 平均下降 14%，效果接近抗高血脂药物。

同时有研究指出，熟芝麻的抗氧化效果好，新鲜芝麻须经 160℃ ~ 190℃焙炒，才能达到最高抗氧化功能。专家建议，一天吃 40 克熟芝麻就可达到保健效果。 （项觉修）

生活方式篇

老年人应建立正确的健康观念，了解科学的生活方式，从而提高自我保健水平，延年益寿。世界卫生组织将老年人的科学生活方式归纳为：情绪平稳、科学饮食、适当运动、戒烟限酒。老年人若能按此要求去做，其心脑血管病和糖尿病的发病率可下降 69% ~ 75%，可使老年常见病减少一半左右，有益长寿。

小贴士一

科学膳食八个"一点儿"

数量少一点儿 进食量比年轻时减少 10% ~ 15%，坚持每餐七八分饱。

质量好一点儿 应满足蛋白质，特别是优质蛋白质的供应，可常食用鱼类、禽类、蛋类、牛奶及大豆等。

蔬菜多一点儿 每天都应吃不少于 250 克的蔬菜。

味要淡一点儿 盐吃多了会升高血压，加重心肾负担，一日食盐量应控制在 6 克以下，同时要少吃酱肉和其他咸食。

品种杂一点儿 要荤素兼顾，粗细搭配，品种越杂越好，每天主

副食品最好不少于 10 种。

吃得慢一点儿 细嚼慢咽可使食物消化得更好，吃得更香，易产生饱胀感，防止吃得过多。

早餐好一点儿 早餐应占全天总热量的 30% ~ 40%，质量及营养价值要高一些、精一些，便于提供充足的能量。

晚餐早一点儿 "饱食即卧，乃生百病"，所以晚餐不仅要少吃点，而且要早点吃。 （周　治）

小贴士二

饭后切记"八不急"

不急于吸烟 饭后吸烟的危害比平时大 10 倍。这是由于进食后消化道血液循环量增多，致使烟中有害成分被大量吸收。

不急于饮茶 茶中鞣酸可与食物中的铁、锌等结合成难以溶解的物质，影响这些微量元素的吸收。

不急于洗澡 饭后洗澡会使体表血流量增加，胃肠道的血流量便因此相应减少，从而影响肠胃的消化功能。

不急于上床 俗话说："饭后躺一躺，不长半斤长四两。"饭后立即上床容易发胖。因此，饭后至少要 20 分钟后再上床睡觉。

不急于散步 老年人心功能减退、血管硬化及血压反射调节功能较差，餐后容易出现血压下降的现象。而且运动量增加会影响消化道对营养物质的消化吸收。

不急于开车 司机饭后立即开车容易发生车祸。这是因为饭后血液大量流向胃肠道，使大脑暂时性缺血，从而导致操作失误。

不急于吃水果 因食物进入胃里需 1 ~ 2 小时才被慢慢排入小肠。餐后即食水果，食物会被阻滞在胃中，长期如此可导致消化功能紊乱。

不急于松裤带 饭后松裤带，会使腹腔内压下降，这样对消化道

的支持作用就会减弱，从而使消化器官的活动度和韧带负荷量增加，容易引起胃下垂及其他腹部不适等症状。 （党　康）

小贴士三

早饭晚吃，晚饭早吃

睡觉时，人体的器官大部分处于休息状态。这个时候消化器官仍然在努力地"工作"，消化完一天的食物才能休息。人上了岁数，各器官功能减退，需要更长的时间来消化食物。如果早饭吃得过早，会干扰胃肠休息，使消化系统过度疲劳，还会导致代谢物在体内堆积。所以最好早饭晚吃，上午8点以后再吃早饭。

与早饭要晚吃相反，晚饭要尽量早点吃。如果睡得比较早，晚上9点或10点就要休息的话，身体没有足够的时间来彻底消化食物，很容易出现腹胀、便秘等消化不良的情况，还会影响睡眠质量。所以，最晚也要在下午7点之前吃完晚饭。 （王东远）

小贴士四

老年人晚餐量不宜超过日总量的30%

老年人的生理机能逐渐降低，若是经常晚餐过量，易诱发糖尿病。老年人晚餐进食过多荤食也容易将这些过多的胆固醇物质运载到动脉管壁上堆积起来，成为诱发动脉粥样硬化和心脑血管病的重要因素之一。再者，老年人晚餐过于丰盛，加之夜间活动量少，势必会使进入体内的蛋白质难以完全消化和吸收，便形成有害物质，既可直接刺激肠壁，又能进入血液，对大脑及内脏产生毒性刺激，还会增加患大肠癌的危险性。老年人晚餐进食不当比其他人群更容易引起失眠、多梦的症状，影响睡眠质量。因此，老年人在晚餐时要吃少、吃素。

（胡　海）

小贴士五

老年人吃点零食有助于抗衰老

吃零食，一般都是年轻人的"专利"。其实，老年人吃点零食，对延年益寿、祛病强身也大有裨益。老年人是发生营养不良的重要人群。消化液分泌减少，消化吸收功能下降，使老年人的营养摄入相对减少。因此三餐之外适当吃些零食，能补充营养。

从心理学角度来说，吃零食还有着积极的心理保健作用，吃零食时，往往是在放松的心境下进行的，这便可使大脑机能得到调整，从而获得身心的调节与情绪的转移。

那么，哪些零食适合老年人呢？这要根据老年人自身的需求。比如微量元素硒不足与低下，正是冠心病、白内障以及某些肿瘤等疾病发生的原因之一。因此，平时常吃些含硒元素的花生、核桃、葵花子、板栗等零食，对延缓衰老有积极作用。

上午 10 点左右，下午 3 点左右是吃零食的最佳时间，这两个时间早饭和午饭已经消化，不会影响接下来的正常饮食。　　（潘　璐）

小贴士六

过分素食也可能导致心血管病

德国的一项新研究结果表明，如果过分强调吃素，也会由于营养不均衡而增加患心血管疾病的风险。虽然素食者体内的胆固醇水平较低，但大部分人都表现出缺乏维生素 B_{12} 的症状，使得血中一种被称为同型半胱氨酸的成分升高，而这种物质会导致心血管病的患病风险增加。调查还发现，不食肉类可能会导致血中高密度脂蛋白水平降低，从而对心血管健康不利。　　（赵富廷）

小贴士七

少吃多餐有助于降胆固醇

英国剑桥大学的一项研究结果表明，一个人的胆固醇水平不但依赖于他所吃的东西，而且还与他每天吃多少次有关。对中老年人来说，一天中进食次数较多者，低密度脂蛋白的水平低于那些一天只吃一两顿正餐的人，尽管进食次数较多者平均摄入的卡路里和脂肪更多些。

研究人员分析了 1.47 万余名年龄在 45 ~ 75 岁的被调查者的有关数据信息，包括饮食习惯、体力活动情况、体重、胆固醇和血压水平等。结果发现，每天进食至少五六次的人总胆固醇和低密度脂蛋白水平最低，而一天只吃一两顿正餐者这两项的水平则较高。　　　（项觉修）

小贴士八

开水煮饭更营养

淘米后放入冷水蒸煮，这已是司空见惯的事了，然而事实上，正确的做法应该是用开水煮饭。

好处一　缩短蒸煮时间，防止米中的维生素流失。由于淀粉颗粒不溶于冷水，只有水温在 60℃以上，淀粉才会吸收水分膨胀、破裂，变成糊状。大米含有大量淀粉，用温度约为 100℃的开水煮饭，能使米饭快速熟透，缩短煮饭时间，防止米中的维生素因长时间高温加热受到破坏。

好处二　将水烧开可使其中的氯气挥发，避免破坏维生素 B_1。维生素 B_1 是大米中最重要的营养成分，我们平时所用的自来水都是经过加氯消毒的，直接用这种水煮饭，水中的氯会大量破坏米中的维生素 B_1。而开水中的氯已多随水蒸气挥发了，会大大减少维生素 B_1 及其他 B 族维生素的损失。　　　（刘谊人）

小贴士九

蔬菜清洗大有讲究

淡盐水浸泡　一般蔬菜先用清水至少冲洗 3～6 遍，然后泡入淡盐水中浸泡一段时间，再用清水清洗一遍。对于包心类蔬菜，应先切开，放入盐水内浸泡 1～2 小时，再用清水清洗。

碱洗　先在水中放上一小撮碱粉，搅匀后再放入蔬菜，浸泡五六分钟，把碱水倒出来，接着用清水漂洗干净。也可用小苏打代替，但应适当延长浸泡时间，需 15 分钟左右。

用洗洁精洗涤　将洗洁精稀释至 300 倍，用它将蔬菜清洗一遍，再用清水清洗一两遍。这样就可除去蔬菜上的病菌、虫卵和残留农药。

用开水泡烫　青椒、菜花、豆角和芹菜等，在下锅前最好先用开水烫一下。此法可去掉蔬菜上 90% 的残留农药。

用淘米水洗　将蔬菜在淘米水中浸泡 10 分钟左右，再用清水清洗干净，就可使蔬菜上的残留农药成分大幅度减少。　　　　（冯耀忠）

小贴士十

碘盐使用有讲究

碘盐在帮人们补碘防病方面做出了不小的贡献，但要让碘盐充分发挥作用，就需要在日常生活中多加注意。

第一　碘盐要少买，及时吃。购买碘盐一次不宜过多，可吃完再买，以避免碘的挥发。

第二　食用碘盐时不要加太多的醋。碘与酸性物质结合后，其功效会受到影响，另外碘盐与带酸味的菜（如西红柿、酸菜等）一起食用时，其功效也会受到影响。

第三　碘盐放入容器后，要加盖密封，并存放于阴凉、通风、避

光处，以保证其功效。

第四 要掌握好放碘盐的时机。因碘盐遇热易挥发，所以在炒菜或做汤时，应在菜或食物快炒好时放入碘盐。

此外，高碘地区的人群是不宜食用碘盐的。 （卢　宏）

小贴士十一

吃软不吃硬会影响智力

大脑需要刺激，需要不断地思考问题。如果不加以刺激，大脑就会退化、萎缩。研究表明，常吃硬性食物，充分发挥牙齿的咀嚼功能，可以刺激大脑使其延缓衰老。因此，对于老年人来说，只要牙齿功能还可以，餐桌上最好配备一两样坚硬或者比较硬的食物，如花生、豆类、爆炒的菜干、煎炸的小鱼及醋拌黄瓜等，平常也可吃点儿干果类零食，以通过咀嚼，刺激和促进大脑功能。 （殷海昌）

小贴士十二

新鲜不一定有营养

刚采摘下来不足一个月的新茶叶，含对身体造成不良影响的物质。长时间喝新茶，有可能出现腹泻、腹胀等不良反应。

新鲜的海蜇含有五羟色胺、组织胺等有害物质，如果吃了新鲜海蜇，很容易引起腹痛、呕吐等中毒症状。因此，鲜海蜇必须经盐、白矾反复浸渍处理，才能食用。

新鲜腌制的蔬菜要在 4 小时内吃完，否则最好 30 天之后再吃。因为新鲜蔬菜都含有一定量无毒的硝酸盐，而盐腌过程中还会还原成有毒的亚硝酸盐。一般情况下，盐腌 4 小时之内或者 30 天之后有毒物质含量较少。 （李　雪）

小贴士十三

有虫眼儿的菜未必好

有一种说法，蔬菜没有农药才会出现虫眼儿。其实不然，蔬菜出现虫眼儿，说明蔬菜遭遇过虫害，这样蔬菜就要经常打药，而有些害虫对农药有抗药性，即使打药，害虫还会损害蔬菜，这样反复打药杀虫，带虫眼儿的蔬菜对人体的伤害可真不小。因此，"虫眼儿"绝不能成为蔬菜有无农药的指标。想要消除蔬菜上的农药，要先用水冲洗蔬菜，然后用清水浸泡10分钟，这样反复3～4次，就可清除绝大部分残留的农药。或者在烹制前将蔬菜烫1分钟，也可去除部分残留的农药。

（陈惠民）

小贴士十四

香蕉皮大用场

用香蕉皮擦拭皮鞋、皮衣、皮质沙发等皮制品，有保持其光泽，延长其使用寿命的作用。

将两根香蕉连皮放在火上烤，然后趁热吃，可改善痔疮及便血。

把香蕉皮埋在兰花盆土下层。香蕉皮含有丰富的镁、硫黄、磷、锌、氨基酸等多种营养物质，这些正是兰花生长所需要的，感兴趣的朋友不妨试一试。

香蕉皮晾干之后，加上另一味中药火炭母（又叫火炭毛）一起煲水，再加适量红糖调味，喝了可以治口腔发炎、溃疡，还能通便。

面部干燥的朋友，将香蕉皮内侧贴在脸上，10分钟后用清水洗净，可使皮肤变得滋润光滑。

（卢宏）

小贴士十五

鸡蛋膜可当创可贴

做饭时不小心会被油烫到手，这样的烫伤可以用鸡蛋膜当创可贴。

取一个新鲜完整的鸡蛋，把蛋壳表面清洗干净，有条件的话用75%的酒精擦一遍，或放在白酒里泡一会儿。然后将大头的一侧轻轻磕破，除去硬壳，轻轻扯下里面附着的蛋膜。接下来用酒精清洁伤口，再剪下足够盖住伤口的鸡蛋膜贴在伤口上（应使粘有蛋清的那一面紧贴伤口），最后挤掉蛋膜与伤口之间的空气，使之贴紧。

鸡蛋膜俗称凤凰衣，富含胶原蛋白、黏多糖类物质，是接近于生理状态的生物半透膜，可加速上皮细胞形成，有消炎、促进肌肤生长的作用；新取下来的鸡蛋膜上带有的蛋清含有溶菌酶，有杀菌作用，其营养成分也可促进伤口愈合。

（李红珠）

小贴士十六

苹果保鲜又催熟

在食用苹果前将其与其他蔬菜水果一同保存，有保鲜和催熟的作用。由于苹果自身能散发出乙烯气体，所以将几个青苹果与土豆一起放在纸箱内保存，可使土豆保持新鲜不烂。将未熟的香蕉和苹果一同装入塑料口袋或者纸箱中密封好，约几个小时后，绿香蕉即可被催熟变黄。

此外，将柿子和苹果混装后封闭保存，5～7天就可以去除柿子的涩味；将苹果放入因长时间使用而变黑的铝锅中，加水煮沸15分钟后再用清水冲洗，铝锅就会变得光亮如新。

（阿　梁）

小贴士十七

吃完苹果漱漱口

吃苹果有益健康，这一点毫无疑问。然而英国伦敦大学国王学院牙科研究所研究发现，吃苹果方法不当，就得去找牙医帮忙了。

如果吃苹果速度太慢或用牙齿啃，其中酸性物质就会伤害牙齿。吃苹果的正确方法：一是搭配牛奶或一片奶酪，有助于中和酸性物质；二是吃完及时漱口；三是吃前刷牙，刷牙会给食物和牙齿之间加上一道屏障；四是把苹果切成小块，用牙签扎着吃，这样也能减少对牙齿的损伤。　　　　　　　　　　　　　　　　（刘谊人）

小贴士十八

夏季叶菜保鲜方法

叶菜适宜的保存温度为0℃左右，如菠菜、芹菜、白菜、甘蓝、生菜等，冰箱的冷藏室是最适宜夏季叶菜保鲜的。叶菜水分较多，所以保鲜主要是保持水分，可以用湿纸或湿布将叶菜包起来放入冰箱，但也不要密封太严，水分过多一样容易腐烂、掉叶。　　（王福先）

小贴士十九

吃榨菜防晕车

榨菜，色香味俱全，不仅可作为平时的小菜佐餐，旅途中也可以带上一两包，一方面爽口开胃，解除旅途劳乏；另一方面可缓解乘车时头晕气闷等晕车症状，有人甚至称其为天然"乘晕宁"。此外，榨菜中含有维生素 B_1，对神经也有安抚作用。

吃榨菜后可多补充一些富含维生素C的食物，比如新鲜蔬菜、水果、大红枣、猕猴桃、橘子等。现在市场上出现了很多低盐榨菜，每天摄入 10～15 克，不仅不会产生摄盐过多的问题，还因为榨菜含有

大量的钾和纤维素，可以起到预防高血压等心脑血管疾病及便秘、结肠癌的作用。

（李 展）

小贴士二十

油瓶害怕热和光

为图方便，很多人习惯把油瓶放在灶台边上，这样炒菜时顺手就能拿到。但这么做，却容易使食用油变质。

食用油在阳光、氧气、水分等的作用下会分解成甘油二酯、甘油一酯及相关的脂肪酸，这个过程也称为油脂的酸败。灶台旁的温度高，如果长期把油瓶放在那里，烟熏火燎的高温环境则加速了食用油的酸败进程，使油脂的品质下降。

（王 巍）

小贴士二十一

食用冷藏熟食勿忘消毒

有人从冰箱冷藏室中取出食物后，在常温中放一放，觉得不太凉了，就直接食用，这个习惯不好。

虽然冰箱对食品有防腐保鲜作用，但并不是食品安全的"保险箱"，如果储存食物不当，往往会引起食物中毒。无锡市食品污染物监测点在食品中发现了一种新的致病微生物：李斯特氏菌。此菌的特性是喜冷怕热，在低温环境中可大量繁殖。一次吃不完的食物随手放进冷藏室，未经加热消毒就食用，这是李斯特氏菌的一种重要传播途径。人感染该菌后多表现为脑膜炎、败血症，孕妇感染则可引起流产、早产、死胎和新生儿败血症。

因此，冰箱要定期清洗，存放的食物要生熟分开，熟食在食用前要加热消毒，温度必须达到70℃且持续2分钟以上。

（司兆奎）

小贴士二十二

矿泉水不要加热喝

桶装矿泉水最好不要加热饮用，因为加热后水中的钙、镁易与碳酸根生成水垢，不仅影响口感，也容易造成饮水机中的矿物质沉积，对身体健康造成影响。

（心　林）

小贴士二十三

松花蛋不要放在冰箱里

松花蛋若经过冷冻，再拿出来吃时，其胶体状蛋体会变成蜂窝状，不但改变了原有的味道，也会降低食用价值。低温还会影响松花蛋的色泽，使其变黄。家中如有吃不完的松花蛋，可于常温下放在塑料袋内密封保存，一般可保存3个月。

（吴健生）

小贴士二十四

水不能一烧开就喝

因为我们的自来水都经过氯化消毒，其中氯与水中残留的有机物结合，会产生卤代烃、氯仿等多种致癌化合物。烧水时，不妨采取"三步走"：将自来水接出来后先放置一会儿再烧；水快烧开时把壶盖打开；水烧开后等3分钟再熄火，就能让水里的氯含量降至安全饮用标准，这时才是真正的"开水"。

（赵思鸣）

小贴士二十五

鸡鸭蛋别直接放冰箱

鸡鸭蛋买回后直接放入冰箱很不卫生。因为蛋壳上沾有污渍，而冰箱贮藏室的温度一般在4℃左右，是不能抑制微生物的生长和繁殖的，对冰箱内的其他食品会造成污染。可将鲜蛋冲洗干净后，装入干净的食品袋后放入冰箱。

（冯文栋）

小贴士二十六

腌制食品别放冰箱

腌制食品的氯化钠含量一般都较高，盐的高渗作用可使绝大部分细菌死亡，从而延长了腌制食品的保存期，因此，腌制食品无需用冰箱保存。若将其存入冰箱，尤其是含脂肪高的肉类腌制品，因冰箱温度较低，腌制品中残存的水分极易冻结成冰，会促进脂肪的氧化，致使腌制品出现哈喇味，质量明显下降，反而缩短了贮存期。正确贮存腌制品，只需将其挂在避光通风的地方，防止脂肪氧化酸败即可。

（王秀艳）

小贴士二十七

"趁热吃"反有害

"趁热吃"已经成了我们的口头禅，我们总愿意吃热气腾腾的食物，好像"趁热吃"会为身体提供更多的能量。但是，临床研究发现，吃得过热会损伤肠道和身体机能。因为人的食道壁上的黏膜非常娇嫩，只能耐受50℃～60℃的食物。经常吃过烫的食物，黏膜损伤尚未修复又受到烫伤，容易形成溃疡。反复地烫伤、修复，黏膜质变还会形成肿瘤。此外，过热的食物会导致气血过度活跃，胃肠道血管扩张，

对肠胃产生刺激。所以，平时多吃和体温相近的食物，就是"不凉也不热"的食品，可以延缓胃肠老化，延年益寿，维护胃肠功能。　　（李少田）

小贴士二十八

水果腐烂，别吃了

很多人会将水果腐烂的部分去掉，认为其余未霉变的部分还可以安心食用。殊不知，水果腐烂后，微生物在代谢过程中会产生各种有害物质，腐烂部分还会通过果汁向未腐烂的部分渗透、扩散。据测定，在距离腐烂部分1厘米处的正常果肉中仍可检出毒素。所以，水果去除掉腐烂部分后也可能对人体有害，产生头晕、头痛、腹泻等不良反应。

为了健康，要选择表皮色泽光亮、气味馨香、果肉鲜嫩的水果。若果皮略有小斑或有少量虫蛀，应用刀挖去腐烂虫蛀的部分及其周围超过1厘米处的好果部分。如果腐烂果肉超过水果的1/3，这水果就别吃了。　　（陈　思）

小贴士二十九

吃完酸性食物，不宜立即刷牙

"吃完食物立即刷牙，这样可以保持口腔清洁、保护牙齿"，这是不少人的做法。不过，专家却指出，吃完一些食物后，立即刷牙反倒并不利于保护牙齿。

清华大学第一附属医院口腔科主任王隽表示，吃完食物刷牙那是必须的，但是吃完酸性食物和甜食后立即刷牙则并不是正确的做法。据王隽介绍，酸性食物和甜食中酸和糖分容易腐蚀牙齿，让牙齿有脱钙的现象，此时若马上刷牙，会对牙齿有磨损。王隽建议，吃完酸性食物和甜食后，不妨先漱口，降低口腔中酸的浓度和糖分，等到牙齿自我修复一段时间后再刷牙，这样的效果最佳。鱼、肉、米饭、酒等都是酸性食物。　　（朱瑞娟）

小贴士三十

睡觉五忌

戴手表睡觉 戴着手表睡觉，不仅会缩短手表的使用寿命，更不利于健康。因为手表，特别是夜光表有镭辐射，量虽极微，但长时间的积累可导致不良后果。

带假牙睡觉 带着假牙睡觉，易在睡梦中不慎将假牙吞入食道。如果假牙的铁钩刺破食道旁的主动脉弓，则可引起大出血甚至危及生命。

戴乳罩睡觉 有报道称，每天戴乳罩超过 12 个小时的女人，患乳腺癌的可能性比短时间戴或根本不戴乳罩的人高出 20 倍以上。

带手机睡觉 有的人为了通话方便，晚上睡觉时将手机放在枕边。手机在使用和操作过程中，都会有电磁波释放出来，形成一种电子雾，影响人体健康。

带妆睡觉 带着残妆睡觉，会堵塞肌肤毛孔，造成汗液分泌障碍，妨碍细胞呼吸，长此以往还会诱发粉刺，损伤容颜。 （志 萍）

小贴士三十一

良好睡眠有助防癌

美国一位科学家得到的研究结果显示，良好的睡眠可以帮助人们避免患上癌症。

美国斯坦福大学医学中心的斯皮格尔教授在《大脑、行为和免疫》杂志上发表文章指出，睡眠可以影响人体荷尔蒙的平衡，而荷尔蒙失调会对一个人是否患上癌症产生影响。荷尔蒙皮质醇、褪黑素和雌激素都被认为是对一个人是否患上癌症具有影响力的潜在因素。斯皮格尔教授研究发现，褪黑素在睡眠中产生，在人体一天的循环中发挥作用。褪黑素像是一种抗氧化剂，可使致癌基因破坏，也可减缓雌激素的产生，从而减少肿瘤的发生和延缓肿瘤的生长。 （项觉修）

小贴士三十二

多换睡姿可防尿路结石

美国加州大学的研究者对110名尿路结石患者进行了睡眠习惯的调查，发现80%右侧肾结石患者习惯右侧朝下、左侧朝上的睡觉姿势；70%左侧肾结石患者则习惯左侧朝下、右侧朝上的睡觉姿势；睡觉翻来覆去者仅占17%。这一结果说明，单侧尿路结石与睡眠姿势有关。因此，已有尿路结石者，最好勤变换睡眠姿势，以免新的结石产生。

一般来说，0.4厘米以下的尿路结石会随着尿液排出体外。因此，多喝水、不憋尿和适当地多运动，如快步走、慢跑、游泳、骑自行车、跳舞、跳绳再加上改变睡姿，有助于远离尿路结石之苦。　　（章泽）

小贴士三十三

坐着打盹儿不可取

老年人坐在椅子上打盹儿，醒来后会感到全身疲惫、头晕、腿软、耳鸣、视力模糊，如果马上站立行走，极容易跌倒，发生意外。这种现象是脑供血不足引起的，因为坐着打盹儿时，流入脑部的血液会减少，上身容易失去平衡，还会引起腰肌劳损。另外，坐着打盹儿入睡后，体温会比醒时低，极易引起感冒。　　（成　新）

小贴士三十四

盖厚重棉被易中风

日本科学家研究发现，老年人在冬季加盖过于厚重的棉被容易导致中风。将厚重棉被压盖在身上，不仅影响呼吸，而且会使全身血液运行受阻，导致脑部血流障碍和缺氧。特别是患冠心病、高血压等心脑血管疾病的老年人，更容易突发中风。所以专家建议，老年人冬季应尽量选用质轻、保暖性能好的材料作为盖被，并且最好使用能增加室温的暖气设备来解决御寒问题，以避免发生中风。　　（王增）

小贴士三十五

睡前 10 分钟别看书

人的眼睛好像一台照相机，可以随时调节焦距。看近处东西，如看书时，眼睛须经一系列调节，才能避免眼花，看得明明白白。

如果看完书倒头便睡，眼睛得不到很好的休息。这是因为，连续长时间看近处的物品不休息，眼球的睫状肌、晶状体、瞳孔要保持长时间的持续收缩，因此形成了调节痉挛。所以睡前 10 分钟最好不要再用眼睛看近的书或电脑屏幕，这样才能让眼睛得到充分放松。

（王铁宁）

小贴士三十六

别穿着保暖内衣入睡

隆冬季节，有的人特别怕冷，晚上睡觉也喜欢穿着保暖内衣睡，这样非常不利于健康。

因为保暖内衣大都采用复合夹层材料制成，这种材料是在两层普通棉织物中夹一层蓬松化学纤维或超薄薄膜，阻挡皮肤与外界进行热量交换，阻碍皮肤的呼吸，所以感觉很温暖。这样一来，保暖效果是有了，透气性却差了。穿着保暖内衣睡觉，在一定程度上会妨碍皮肤的正常呼吸和汗液的蒸发，阻止身体热量往外散发。再者，保暖内衣塑料膜与保暖纤维摩擦易积聚静电，这些静电在人体周围可以产生大量的阳离子，使皮肤的水分减少，皮屑增多，尤其是对那些本身皮肤干、排汗少的人来说，越穿保暖内衣皮肤越干，出汗后，汗液中的尿素、盐类物质及各种毒素都会附着在体表，加剧皮肤瘙痒，并可引起接触性皮炎、湿疹、疖肿等疾病。

小贴士三十七

居家"远离"三种花

家里除了养一些植物外，点缀一些鲜花也是不错的选择，既提升生活品位，又让人心情舒畅。但是若家中的鲜花对身体有伤害，那就适得其反了。

有三种花家里不要摆放，首先是郁金香，因为它的花朵有毒碱，过多接触毛发容易脱落。其次是夜来香，因为在晚间它会释放有害的"香气"，散发大量强烈刺激嗅觉的微粒，使人头昏、气喘、咳嗽、失眠，对高血压和心脏病患者危害很大。最后是夹竹桃，因为它的花朵有毒性，花香容易使人昏睡，降低智力。   （李宇民）

小贴士三十八

家庭卫生六忌

一忌进门不洗手　手上携带的各种病菌和有毒物成为病从口入的媒介，有害自己和家人健康。

二忌东西随处丢　不管外出携带东西回家，还是家中日常物品摆放，均应按类归放，分出清洁区和污染区，不可随意混放在一起。

三忌炕（或床）上随便躺　外衣或工作服相对来说属污染品，上炕（或床）前应将外衣或工作服脱掉。

四忌抹布到处擦　用同一块抹布擦了凳子擦桌子，擦了鞋架又擦锅台，看似干净，实则很脏。应该把污染区与清洁区的抹布分开。抹布用完后应洗净消毒，晾挂起来。

五忌生熟食相混　一个筐篮里同时放大饼、油条、馒头和生肉、生菜；一个案板切生熟食，这种坏习惯会导致肠道传染病的发生。

六忌水池不分家　有些人图省事，常把碗筷、蔬菜、痰盂、拖把等放在同一水池里洗刷，这是非常不卫生的。   （刘多学）

小贴士三十九

床上的五大健康盲点

盲点一 在床垫上铺褥子，以为这样就可以阻隔灰尘和皮屑等脏物污染肌肤，却忽略了床垫本身也会藏污纳垢，时间长了，细菌、尘螨等就会进入床垫底层。

盲点二 直接在床垫上铺床单，一层薄薄的床单是不足以阻隔汗液和皮屑的，非常不利于清洁。

盲点三 为了保持床垫清洁，特意保留新床垫上的塑料薄膜。睡在包了塑料薄膜的床垫上，潮气无法散发，会附着在褥子和床单上，直接影响睡眠和健康。

盲点四 穿着外衣跟床接触，灰尘会直接附着在床上。

盲点五 8～10年的床垫弹簧已进入衰退期，再好的床垫，15年也该"退休"了，否则容易出现凹陷，不仅影响睡眠，还会影响骨骼健康。在换洗床罩和床单的同时，不妨顺便用吸尘器或微湿的抹布，将床垫上残留的皮屑、毛发等清理干净。如果床垫有污渍的话，可用肥皂涂抹脏处，再用布擦干净，或用吹风机把湿渍吹干，才不会发霉、产生异味。

（严双红）

小贴士四十

灯泡跟着季节换

室内装修明亮会让人心情愉快，但是"亮过头"反而会对身体造成伤害，不但影响视力，还会干扰大脑中枢神经的功能，使人心情烦闷，脾气急躁，甚至引发头疼。而且灯泡的颜色会影响家中的氛围。例如人在黄色光的环境里会流汗，而在白光下则不会。所以，干燥微寒的秋冬季节，您最好选择黄色或橘色的灯泡营造温暖的室内环境。而春夏这样的暖热季节，将灯泡换成白色，创造凉爽舒适的感觉。（王　伟）

小贴士四十一

窗帘喷水防秋燥

室内人多，空气经常干燥。每天早晨起床后把窗户打开透气，让外面凉爽的空气进入屋内。等到太阳出来以后，燥热的阳光会使空气干燥，此时可以拉上纱帘，然后向窗帘喷水。这样就可以保持室内一天的温度都不会太高，而且保持湿度平衡。 （吴秀兰）

小贴士四十二

湿式扫床防哮喘

湿式扫床法，对避免灰尘飞扬诱发哮喘发作很有益处。

将扫床笤帚冲洗干净，甩干后轻轻扫床，若笤帚上沾有尘土可冲洗干净后再扫。或按扫床笤帚的大小用毛巾或布缝两个小布袋，扫床前浸湿拧干，套在笤帚上打床，脏了换另一个，扫完后洗净晒干备用。若有条件可用消毒液，如来苏水、84消毒液等，按说明配制好后，用于浸泡扫床笤帚或布袋，这样效果更好。 （胡　海）

小贴士四十三

电风扇与人体的健康距离

用电风扇纳凉，应注意电风扇吹动的风速及其和人体的距离是否得当，以免影响健康。如果电风扇以低速挡旋转，人与其保持的距离应该为风扇直径的9倍；如风速在高速挡位，其距离是在低速挡的距离上加1米；如为中速挡，则其距离取二者之间。由此可见，如果房间狭小，宜选用小容量风扇；如果使用的是大风扇，则应拨低速挡位。

另外，无论是新购买的电风扇，还是旧电风扇，使用时接通电源后，最好用测电笔试一下机壳是否带电，以免给身体带来伤害。 （胡　海）

小贴士四十四

晒被子的误区

误区一　被子晒的时间越长越好

其实，棉被在阳光下晒三四个小时，棉纤维就会达到一定程度的膨胀。如果晒的时间过长，次数过多，棉被的纤维会缩短并容易脱落。若是合成棉被，只在阳光下晒一两个小时就可以了。

误区二　被子不分里外面

化纤面料为面的棉被，不宜在阳光下暴晒，以防温度过高烤坏化学纤维，晒时可在被子上覆盖一层薄布，以保护被面不受损。羊毛被和羽绒被的吸湿性能和排湿性能比较好，无须频繁晾晒。若在户外晒时，也需在上面覆盖一层布，经过一两个小时的通风就可以了。

误区三　拍打被子以除去灰尘

棉花的纤维粗而短，易碎落，用棍子拍打棉被会使纤维断裂成灰尘般的棉尘跑出来。合成棉被的合成纤维一般细而长，较易变形，一经拍打纤维缩紧了就不会还原，成为板结的一块。其实，晒被子时用扫帚扫一下浮尘就可以了。羽绒被更不能拍打了，因为羽绒断裂成细小的羽尘，会影响保暖效果。　　（华　扬）

小贴士四十五

起床就叠被子，错！

起床后就叠被子，会把汗液留在被子里。时间一长，不仅有汗臭味，影响睡眠的舒适度，也给病原体创造了生存环境，对身体不利。正确的做法是，起床后先把被子翻过来，摊晾10分钟再叠起来。最好每周晒一次。

（刘谊人）

小贴士四十六

茶杯宜勤洗

"喝茶不洗杯，阎王把命催"这是我国民间流传的一句谚语，说的是茶虽然有益健康，但错误的饮茶习惯却会带来相反的结果，"不勤洗茶杯"就是最常见的一种。

没有喝完或放的时间较长，茶水暴露在空气中，茶叶中的茶多酚与茶锈中的金属元素就会发生氧化，形成茶垢，附着在杯子内壁，而"茶垢"就是危害人体健康的罪魁祸首。

因为茶垢中含有镉、铅、汞、砷等有毒物质，以及亚硝酸盐等致癌物，这些物质进入人体的消化系统，与食物中的蛋白质、脂肪酸、维生素等相结合，不仅阻碍了人体对这些营养素的吸收和消化，还会使肠胃等器官受到损害。此外，经常不清洗的茶杯，水垢中也含有大量重金属，对健康也极为不利。

每次喝完茶后，即便杯子没有茶垢，也应该认真清洗一下。除茶垢办法：用牙刷蘸牙膏擦，也可以用加热的米醋或苏打水浸泡24小时再冲洗。

（王国开）

小贴士四十七

三类衣服不宜放卫生球

合成纤维衣服不宜放卫生球　卫生球接触合成纤维衣服会造成萘油污迹或染上棕黄色斑痕，不容易洗掉。存放合成纤维衣服时，最好洗刷干净，晾干、晾透，不放卫生球。如果和棉、毛等衣物放在一起时，可以选用合成樟脑精或天然樟脑丸等防虫剂，这样就不会影响合成纤维的强力和拉力。

浅色的丝绸服装及绣有"金""银"线图案的衣服不宜放卫生球　因为它们与卫生球的挥发气体接触后，容易使织物泛黄，使"金""银"丝折断。

用塑料袋装的衣服不宜放卫生球　因为卫生球中萘的耐热性很低，常温下，它的分子不断运动并分离，由白色晶体变为气体，散发出辛辣味。如果把它与装有衣服的塑料袋放在一起，就会起化学反应，使塑料制品膨胀变形或粘连，损伤衣服。　　　　　　　　（王　敏）

小贴士四十八

常用一次性纸杯有害健康

　　在外做客时您是否经常使用一次性纸杯？您或许会觉得这样比较"卫生"。殊不知，一些劣质纸杯违规使用荧光漂白剂、再生聚乙烯，或由于工艺材料不过关，在盛倒热水时会释放大量有毒化合物。专家介绍，纸杯在生产过程中为了达到隔水效果，会在内壁涂一层聚乙烯水膜，这种水膜会氧化为羰基化合物。羰基化合物在常温下不挥发，但在纸杯倒入热水时就可能挥发出来，所以人们会闻到怪味。长期摄入这种有机化合物，对人体是有害的。因此一次性纸杯不到万不得已不要使用，如果使用最好装冷水。　　　　　　（王玉昆）

小贴士四十九
给瓷砖做个"去油面膜"

厨房的地面油渍比较厚重，用一般的方法反复清洁，费时费力，且效果不好。不如给瓷砖做一个"去油面膜"，在瓷砖上面喷洒清洁剂，将棉布或卫生纸湿润后贴在瓷砖上，放置一段时间，污垢会粘在上面，撕掉棉布或纸巾后再用干净抹布蘸清水擦一两次，瓷砖就会焕然一新。

（阿　丰）

小贴士五十
使用吸油烟机的误区

误区一　只在炒菜时开吸油烟机，而在烧开水、煮饭时不开机。其实，吸油烟机的功能不仅仅是吸走烹饪油烟，还可以消除燃气污染（每次点火、熄火时泄漏的燃气和燃烧过程中产生的废气）。特别是石油液化气，它含有多种致癌物质，比烹饪油烟更有害健康。

误区二　只注意吸油烟，忽视补充新鲜空气。在排油烟的同时应注意通风和补充新鲜空气，以保持燃气在具有充足氧气的条件下充分燃烧。

误区三　吸油烟机底部与炉灶面的距离过低（不足65厘米）或过高。前者有火灾隐患，后者吸油烟效果不好。

误区四　用酒精溶液擦洗机身塑料件或用钢丝球擦洗吸油烟机表面。这会使塑料件、吸油烟机表面失去光泽，造成损坏。

误区五　半年或更长时间才清洗一次过滤网。一般情况下，应每半个月到1个月就将过滤网清洗一次，否则会影响过滤效果。（马　洪）

小贴士五十一

热胀冷缩除水垢

水壶使用时间长了会出现水垢，可以将空水壶放在炉上烧干水垢中的水分，待壶底有响声之时，将壶取下，迅速注入凉水来去除水垢。或者先用抹布包上提手和壶嘴，将烧干的水壶迅速坐在冷水中。重复2～3次，壶底水垢就会慢慢脱落。　　　　　　　　　　　（陈平永）

小贴士五十二

给微波炉做"桑拿"

清洁微波炉时，可先将一大碗热水放在炉内，加热到产生大量蒸汽，然后用双效百洁布蘸洗洁精将微波炉里油渍清洗干净，再分别用湿的及干的海绵抹布擦干。最后，别忘了将微波炉门打开，使炉内彻底晾干。　　　　　　　　　　　　　　　　　（张丰春）

小贴士五十三

用微波炉不能犯的错

忌将肉类加热至半熟再用微波炉加热　因为半熟的食品中细菌没有完全被杀死，用微波炉加热的时间短，也不可能将细菌全杀死。

不可将经微波炉解冻的肉类再次冷冻　已经微波解冻的肉类再放入冰箱冷冻前，必须加热至全熟。

忌油炸食品　因高温油会出现飞溅导致明火。如万一不慎引起炉内起火时，切忌开门，应先关闭电源，待火熄灭后再开门降温。

绝对禁止直接用微波炉加热袋装奶　因为袋装奶的包装材料为含有阻透性的聚合物，或是含铝箔的包装材料，难免高温有毒而且易着火（铝箔为金属材料，微波炉禁用）。此外，为避免牛奶营养丧失，最好用100℃以下的开水来烫温袋装奶。　　　　　　　　　（赵富廷）

小贴士五十四

消毒柜不能当成碗柜用

消毒柜像冰箱一样，密封性较好，与外界流通不畅。若把消毒柜当碗柜使用，柜内湿度过大，除了对消毒柜有损害，还易孳生细菌，直接危害人体健康。所以，消毒柜最好一两天通电消毒一次，餐具必须洗干净，将水分擦干才能放进消毒柜内，这样可以缩短消毒时间并降低电能消耗。

消毒柜并非是能消灭"千毒万毒"的"保险柜"，不是所有东西放进去都能消毒，比如一些花花绿绿的盘子就不宜放入消毒柜中消毒，因为这些陶瓷碗碟的釉彩、颜料含有铅、镉等重金属，若遇到高温容易溢出，使里面的食品受到污染，危害健康。　　　　（胡新语）

小贴士五十五

夏天冻肉别在常温下解冻

夏天温度高，有人图省事儿，把冻肉从冰箱里拿出来直接放常温下解冻。其实这样很不安全，夏季细菌繁殖特别快，在常温下解冻肉类很容易变质。另外也不推荐用冷水、温水甚至盐水和醋浸泡解冻。这些方法看似速度快，实际效果很不好。用水解冻肉，会导致肉里的营养物质流失，烹调时的口感也会变差。

最好选择冰箱低温解冻法，就是提前半天把肉从冷冻室里拿出来，放到冷藏室里自然解冻。如果没有充足的时间，可以用微波炉解冻。用解冻挡定时半分钟，到半化不化的时候在室温下再放 20 分钟，软硬适度即可。　　　　（刘谊人）

小贴士五十六

巧存葱姜

把生姜切成稍粗的丝，用保鲜膜包起来放进冰箱的冷冻室。以后随用随取即可。同样，可以把葱花切好，分成等份，冷冻保存，每次炒菜用一包，葱姜不会烂掉蔫掉，也不影响味道。　　　　　（王　敏）

小贴士五十七

伤肝的"滴答水"

现在"滴水族"队伍渐渐扩大，不少居民为了节水，在水表不动的情况下也不拧紧水龙头，用桶接"滴答水"。这样不仅违反国家规定，同样也有害健康。生活用水送入各家各户都加入了氯对自来水进行消毒，保证饮用水的安全，如果不及时饮用，用滴水的方式储存饮用水，氯会慢慢地挥发，导致饮用水滋生细菌、慢慢变质，甚至还会导致腹泻、引发肝损伤。所以切莫做"滴水族"。　　　　　（白永宁）

小贴士五十八

菜板清理有三招

第一招，洗烫法　每次切完菜用清水刷洗，用硬刷刮去表面一层。再用沸水烫一遍，去除病菌效果非常好。

第二招，撒盐法　要保持每周往菜板上撒一次盐，或放入浓盐水中浸泡几小时，不但可以杀死细菌，而且可防止菜板干裂，延长使用寿命。

第三招，紫外线消毒法　把菜板放在阳光下暴晒30分钟以上，去菌效果极好。　　　　　（陈铭君）

小贴士五十九

煤气少拧最小火

许多家庭在使用煤气灶时，为了节能，通常在开锅后把火拧到最小的程度，甚至持续很长时间，这样做是很危险的。

煤气拧到最小时，煤气味道要比煤气拧大时浓，这是因为煤气中的可燃元素处于非白炽状态，会有较多的一氧化碳溢出，久而久之可能造成慢性蓄积性一氧化碳中毒，主要症状表现为头痛、失眠、乏力、记忆力衰退等。所以合理使用煤气也是日常生活中应注意的问题。 （贺叶才）

小贴士六十

吹口哨，可美容

在日本，吹口哨是一种十分流行的健身方法。流行之初，人们吹的多是一些童谣。后来，吹口哨伴着瑜伽、健身操等运动普及开来。

吹口哨对人体呼吸系统及胸腔都是有益的。吹口哨时，人的嘴唇和脸颊的肌肉会呈现比平常更紧张的状态，平时说话活动不到的肌肉也得到了锻炼，相当于全面的面部按摩，有抗衰老、美容的效果。所以如果担心您的面部皮肤变得松弛，不妨多吹吹口哨。 （之 粒）

小贴士六十一

戴帽御寒有必要

许多老年人外出时往往不愿意戴帽子来抵御寒冷，殊不知，头部散热的比例是相当惊人的。有人为此做过实验：处于静止状况不戴帽子的人，在环境气温为 15℃时，头部散热量占人体总散热量的 1/3；当环境气温为 4℃时，头部散热量占人体总散热量的 1/2；当环境气温为 −15℃时，头部散热量占人体总散热量的 3/4。由此可见，戴一顶帽子来抵御严寒是非常有必要的。 （胡 海）

小贴士六十二

手机充电时人体要远离

很多人晚上把手机充电器放在床边充电。有关医学生理学专家提醒，在手机充电插座30厘米以内，人体免疫功能有可能会受到影响。1毫高斯的电磁波强度将使体内对抗血癌细胞的抗体无法进行抗癌作用；12毫高斯则会让掌控生产T细胞的胸腺细胞死亡。因此，手机充电插座应远离人体30厘米以上，切忌放在床头枕边。　　（刘　广）

小贴士六十三

眼药水一滴就够了

很多人使用眼药水的方法都不正确，一次滴数滴或滴后眨眼。虽然大部分眼药水没有不良反应，但它们多含防腐剂，过多使用也有一定的刺激性，因此要掌握用法和用量。每只眼睛一般滴1滴约20～30微升即可。一般眼药水每滴约50微升，按设计量足够。眼药水滴入眼内与眼泪混合集中于内眼角、泪小管、泪囊等处，也可能通过鼻泪管流入鼻道或因眨眼而流出眼外。为了保持眼药水滞留于眼内，滴入后应把眼睛闭上，用干净的手指轻压内眼角2分钟。　　（张　啸）

小贴士六十四

打哈欠别拘礼

生活中出于礼貌，有人打哈欠时故意缩回下巴不张嘴，这对健康并不好。要知道，打哈欠是因为血液中积留的二氧化碳过多，为补给氧气而进行的特有动作。伸缩下巴肌肉，可刺激大脑司掌觉醒和睡眠律动的那部分组织，让头脑清醒，不动下巴的哈欠是达不到这一效果的，打了也等于没打。

　　　　　　　　　　　　　　　　　　　　（张远桃）

小贴士六十五

打喷嚏别用手捂

感冒时打喷嚏或咳嗽，我们习惯于用手捂着嘴。为了礼貌，同时也避免病菌随着喷出的飞沫四处播散。

然而想法是对的，动作却是错的。打喷嚏、咳嗽时的标准动作应该是：弯起手对着胳膊打。打喷嚏时用手捂住口鼻，的确挡住了飞沫向空气中传播。但是感冒病毒会附着在手上，并很容易地进入你的眼睛和鼻子，从而造成这些部位的感染。如果你再用手去摸楼梯栏杆、公用电话、公交车扶手等公共物品，细菌就会附着到这些物品上。

对着胳膊打，至少会阻断感冒病毒的传播。此外，洗手仍是预防感冒和防止感冒传染给别人最简单和最有效的方法。在没有水的时候，可使用酒精消毒双手。 （王玉昆）

小贴士六十六

染发剂接触头皮有风险

很多人为了美观经常染发，殊不知，染发剂使用不当很容易过敏。染发产品中含有的苯二胺是有毒性的，长期频繁地使用也易引发多种疾病。

染发剂中的化学成分很复杂，在染发前最好在手腕或耳后进行过敏测试，两天内无异常，才可以染发。染发时，染发剂不要接触到发根，更不要紧贴头皮；一年最多染两次发，补染长出的白发即可；同时选购知名度高，正规厂家生产的产品也能最大限度地降低危害度。现在市面上一些有黑发功能的洗发水和偏方，人们不要轻信，以免对自身健康产生巨大危害。 （姜跃武）

小贴士六十七

正确洗脸四"不宜"

不宜用脸盆　手接触脏物被污染的机会远比脸要多，脸盆里的水有限，洗手时水已先被污染，再用已不洁净的水洗脸显然很不卫生。因此，凡是有自来水的家庭应尽量改用流水洗脸。

不宜用肥皂　碱性肥皂易破坏脸上由皮脂腺形成的略呈酸性的保护膜，使脸部皮肤干燥而无光泽。

不宜用热水　常用热水洗脸，容易使面部皮肤松弛，早生皱纹。因此，不论冬夏，最好用凉水洗脸。这样不但能强化面部皮肤血管的舒缩功能，还能刺激神经，清醒大脑，预防感冒。

不宜用湿毛巾　久湿不干的毛巾容易孳生各种细菌、病毒。正确的做法是，毛巾每次用完，挂起晾干。　　　　　　　　（章　严）

小贴士六十八

一天刷牙别超过 2 次

有人为了防蛀除味可能一天刷多次牙。口腔医生建议，一天刷牙不要多于 2 次，那些牙釉质很薄的人和补过牙的人更是如此。如果你吸烟很凶，可以一天刷 3 次牙，不能再多了。牙膏所含的摩擦物质在刷牙过程中能磨掉牙釉质，使牙齿失去保护层，反为蛀牙创造条件。

（司兆奎）

小贴士六十九

挤牙膏前不蘸水

大多数人习惯把牙刷蘸湿了再挤牙膏。事实是，牙膏不是用泡沫来洁净牙齿的，而是靠里面的清洁成分和牙刷与牙齿间的摩擦来清洁牙齿。摩擦越细微，时间越长，刷得越干净。如果牙刷是湿的，挤上牙膏后，就很容易出泡沫，嘴里有了太多的泡沫，就感到已经刷了很长时间，可以结束了。而这时牙齿还未真正被刷干净。所以正确的做法是，牙刷不蘸水，挤上牙膏慢慢刷，渐渐出些细微的泡沫，牙膏的清洁功能才能发挥到最大。　　　　　　　　　　　　（戢祖义）

小贴士七十

小苏打水洗澡防衰老

小苏打又名碳酸氢钠，溶于水后能释放二氧化碳。二氧化碳气泡能浸透和穿过毛孔及皮肤的角质层，使毛细血管扩张，促进皮肤的血液循环，从而使细胞新陈代谢旺盛不衰。

洗澡的方法是将小苏打与水按 1 ：5000 的比例配制，即 5 千克水溶入 1 克小苏打，水的温度以 40℃ 为佳。小苏打溶解后便形成一个小小的人造温泉，这时便可洗浴了。注意选用超市卖的可食用的小苏打，而不是工业用的碳酸氢钠，因为后者碱性过大反而会损伤皮肤。（觉修）

小贴士七十一

新鞋磨脚怎么办

方法一　穿鞋前，在与脚后跟接触最多的部位抹上一层薄薄的香皂，抹过香皂的地方会变得光滑而不再磨脚。

方法二　在出门的前一天晚上，揉一卷废报纸在水中泡一下，然后挤干，将其塞入鞋后跟磨脚的部位。第二天再穿上，鞋子就不会磨脚了。　　　　　　　　　　　　　　　　　　　　　　（张丰春）

小贴士七十二

起床后 20 分钟再刮胡子

起床 20 分钟后刮胡子能保持一天的面部清洁。这主要是由于经过一夜的休息，生殖机能旺盛，胡子生长也快。经过 20 分钟到半个小时的消耗，男性体内的雄性激素已没那么旺盛了，胡子的生长速度下降，这时再刮，就不会很快长出来。剃须前应先将面部洗净，并用热毛巾敷面，使毛孔和胡须膨胀、变软，便于刮理。敷面 3 ~ 4 分钟后，再将剃须泡沫涂于面颊、唇周，稍等片刻，以使胡子变软。

剃须前最好了解自己胡须的生长方向，然后顺着它的方向刮，这样可以最大限度地清除胡须，并可以减少刺痛感。一般的原则是从胡须稀疏的部位开始，浓密的部分放在最后刮，因为剃须膏停留得久一些，胡根就可以进一步软化。

（于子涵）

小贴士七十三

防鸡眼，常换鞋

有些老年人喜欢一双鞋穿到底，不破不换鞋。

专家指出，走路多，足底承受压力大，一双鞋久穿不换，哪怕当初买的时候再合脚，再舒服，由于鞋子长期在地上挤压、摩擦，鞋子的某个部位会变形，脚的某个部位会因此长出茧子，茧子越长越厚，加上其他外力的伤害，足底、趾间、趾背和小趾外侧等长期摩擦和压迫的部位，皮肤角质层便会增生，形成鸡眼。因此，鞋应该几双换着穿，无论是布鞋还是皮鞋。

（尧 之）

小贴士七十四

不要长时间穿平底拖鞋

很多人因为在家待的时间长，外出少，总是穿着平底拖鞋，这样对身体不好。

平跟鞋会改变人的姿态和重心，造成足部承重的分配不均。尤其是身体肥胖者，长期穿平底拖鞋会感到疲劳，还会使足弓下陷。鞋跟2厘米左右才能保证人体重心处于最佳位置，所以，最好穿约2厘米高度的坡跟拖鞋或带后跟的普通布鞋。　　（心　田）

小贴士七十五

舌苔不宜刮，也不宜天天刷

虽然刷舌苔能减少口腔异味，但经常刷对健康并没有特别的好处。如果经常用力刮舌苔，容易刺激味蕾、损伤舌乳头，甚至导致舌背部麻木、味觉减退、食欲下降等不良后果。如果体内出现病变，舌苔的厚薄和颜色都会发生变化，这时，仅靠刷舌苔是起不了作用的，还是应该到医院检查，如果自行刮除，会影响医生的诊断。

即便有专用的"刷舌苔器"，或是使用较柔软、有一定弹性的牙刷，也不能太勤刷舌苔，每周一次即可。刷舌苔时用力不要过猛，应轻轻拂刷舌背，以不产生疼痛和不适感为宜。每次时间也不宜过久，从舌根部往舌尖部刷7～10次就可以了。　　（王　敏）

小贴士七十六

梳子敲手掌

梳齿排列疏密有序，齿尖粗细适中，和皮肤接触时，刚好能够起到不轻不重的按摩作用。用梳子敲击手掌，能起到调节全身气血循环的作用。还能在一定程度上起到分散注意力、缓解疼痛的作用，对局

部的血液循环也有促进作用。

用梳子敲击手掌时，一定要注意把握力度，太轻起不到按摩的作用，太重反而导致恶性刺激。通常以自我感觉舒服为宜。每次叩击 3 ~ 10 分钟，每天 1 ~ 2 次。

此外，除用梳子叩击手掌外，还可以用牙签刺激手掌。把十来根牙签用橡皮筋捆成一束，用其两端刺激手掌和指甲，也可以起到按摩及促进血液循环的作用。使用牙签时，注意接触面要广，用力不可过大。对于一些有高血压及心血管疾病的人最好不要选用此种方法。（文颖）

小贴士七十七

指甲不能剪太秃

指甲剪得太短，在拿东西、工作或做家务时，就会与甲床脱离，指甲前端的软组织没有指甲覆盖，指甲尖端会向里生长，严重时诱发甲沟炎，还容易受到真菌的侵害。

正确的剪法是，先剪中间再修两头，这样容易掌握修剪的长度，避免把边角剪得过深。否则新长出来的指甲很容易嵌入软组织内，成为"嵌甲"，损伤指甲周围的皮肤，甚至引发炎症。剪的时候要平着剪，不要将指甲刀硬塞进指甲缝里掏着剪；如果指甲有尖角，务必把这些尖角修圆。此外，要仔细用指甲刀将指甲边的肉刺齐根剪掉，不能直接用手拔除。剪指甲的合适长度是：指甲顶端与指顶齐平或稍长一些，留出一小条白边即可。

（季　文）

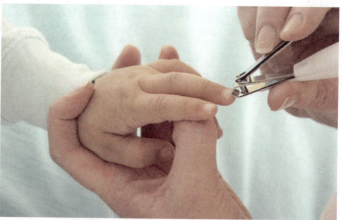

小贴士七十八

手部干燥怎么办

用醋或淘米水洗手　用食用醋或柠檬水涂抹手部，可去除残留在肌肤表面的碱性物质。方法是，醋加水洗手，或煮饭时将淘米水贮存好，临睡前用淘米水浸泡双手 10 分钟左右，再用温水洗净、擦干，涂上护手霜即可。

用牛奶或酸奶护手　喝完牛奶或酸奶后，将瓶子里剩下的奶抹到手上，约 15 分钟后用温水洗净双手，双手会滑嫩无比。

鸡蛋护手　鸡蛋一只，去黄取蛋清，加适量的牛奶、蜂蜜调和，均匀敷手，15 分钟左右洗净双手，再抹护手霜。每星期一次，可去皱、美白。

（王秀艳）

小贴士七十九

手脚脱皮补点维生素A

有的人手和脚一到春季就脱皮，很多人的手会发干，开始刺痒、起小疱、脱皮，而且脱皮面积逐年加大，并向深层扩展，最终露出鲜嫩肉色。由缺乏营养引起的手脚脱皮一般与维生素A有一定的关系。维生素A属于脂溶性物质，对皮肤的表层有保护作用，如果缺乏的话，就会引起皮肤干燥和脱皮等现象。

为了防止手脱皮，手要保持干净，尽量少沾水，洗手最好用热水。多吃富含维生素A的食物，包括动物肝脏、蛋黄、牛奶、奶酪、鱼类、贝类等，胡萝卜等食物中的胡萝卜素也可以在体内转变为维生素A，平时不妨多吃一点，也可以吃点维生素 B_2 的药片作辅助。即使手上脱皮的部位逐渐愈合，也要按时涂抹药膏，完全愈合后，为了避免反复发作，要注意保养手，每天洗手后涂抹护手霜，也可以用维生素E丸擦在手上，一边抹一边按摩。

（徐双标）

小贴士八十

老年人外出防"四心"

在一些大中城市，老年人因交通事故而伤残的人数呈不断上升的趋势。因此老年人外出时要加强安全防范意识，谨防"四心"作祟。

防侥幸心 马路那么宽，车辆虽然多，怎就那么巧会碰到我！

防傲慢心 我是老年人我怕谁，"老天爷第一我第二"，看哪辆车子敢来碰我！

防好胜心 虽说我年纪大了，但我照样敢骑自行车，还敢骑摩托车接送孙辈上学！

防无视心 无视交通法规，过马路时视红绿灯为不存在，也不走斑马线。

(陈抗美)

小贴士八十一

出游带上半瓶醋

春夏之际出外旅游观光时，不妨带上半瓶醋，这有诸多好处。

出发前，用一匙醋兑一杯温开水喝下，既能让您精神振奋，又能起到预防晕车、晕船、晕机的作用。

在旅游点进餐时，用些醋泡一泡碗筷等餐具，可以起到杀菌消毒的作用。有些食物蘸些醋，不仅消毒，而且可增加食欲。

如果不幸发生了腹泻或受凉后咽喉肿痛，这时您少喝点醋，可有效控制病情的发展。如果在外面吃得太多，胃部饱胀难受时，也不妨喝上一口醋，有助于消化食物。

另外，春季出去旅游时，可在住宿的房间放一碗醋，以起到空气消毒的作用，尤其对预防春季的各种流行病很有好处。

最后，如果带的醋还有剩余的话，不妨在洗澡水中也加上那么一点，洗后会令你周身舒畅，疲劳感顿消。

(戚祖义)

小贴士八十二

哪几个时段最危险

抬举重物时 全身用力抬举重物时，血压可升高 50 ~ 100 毫米汞柱，甚至更高。特别是平时从不干重活者，突然用力会更加危险。

情绪激动时 无论好事还是坏事均可引起情绪改变，从而导致血压升高。特别是暴怒或狂喜、惊吓，更易因血压陡升而发生意外。

排便时 特别是便秘时，由于排便时间过长或用力过度易使血压升高。如果是蹲便，如厕后突然站起，更容易发生意外。

洗澡时 水温的冷热刺激，可使血管过度收缩或扩张。特别是坐浴时，如水面过高，压迫心脏，更容易发生心脑血管意外。

烟酒过量时 特别是一次大量饮用高度烈性酒或连续吸烟，可刺激神经系统，使心跳加快，血压升高。

气温骤降时 寒冷刺激可使血管收缩，血压升高。 　　（韩绍安）

小贴士八十三

日常生活的六个"最佳"时间

锻炼时间 傍晚锻炼对人体最为有益，无论是体力或身体的适应能力，都是下午和黄昏时分最佳。

开窗时间 最佳的开窗时间是每天上午 9 ~ 11 时，下午 2 ~ 4 时，因为这两个时段气温高，且逆流现象已消失，大气的底部有害气体也逐渐散去。

散步时间 饭后 45 分钟，以每小时 4.8 千米的速度散步 20 分钟，热量消耗最大，最有利于减肥，如果过 2 小时再散步 20 分钟，减肥

效果更好。

吃水果时间　饭前 1 小时吃最为有益。因为水果是生食，吃生食后再进熟食，体内就不会产生白细胞增高等反应，还有利于保护人体免疫系统。

洗澡时间　洗澡的最佳时间应该是晚上临睡之前，这时若洗一个水温在 40℃ 左右的温水浴，既能松弛全身肌肉和关节，也能加快血液循环，让你舒服地入睡。

睡眠时间　午睡的最佳时间是下午 1 时开始，因为这时人体感觉自然下降，很容易入睡。晚上睡眠，以 22 ～ 23 时最好，因为深睡的时间一般在夜里零时至凌晨 3 时。

（胡　海）

小贴士八十四

五种最佳姿势

服药的最佳姿势——站立　坐着或躺着服药，药物容易黏附于食道壁上，这不仅阻碍人体对药物的吸收，而且黏附的药物对食道壁也是一种有害刺激。站立时食道呈垂直状态，有利于药物下行到胃里，从而被充分吸收。

睡眠的最佳姿势——右侧卧位　右侧卧位可减轻纵膈对心脏的压迫，有利于血液流回入心。

思维的最佳姿势——平躺　平躺时人体肌肉和神经最为放松，情绪最稳定，脉搏最为缓慢，脑细胞极易调整至最佳的思维状态。

行走的最佳姿势——小快步　小快步行走可以增加肌肉活动次数，使腿部肌肉强健发达，还可以增加腿部血液循环。

骑车的最佳姿势——身体前倾　骑车时，身体前倾 20 ～ 30 度为最佳。

（赵建文）

小贴士八十五

休息的最佳方式

我们时常会感到心理压力大，被压得透不过气，想要赶走烦恼，却又没有头绪。以下 5 个简单的步骤，或许能帮你。

平静 1 分钟　此时可以拍拍自己的肩膀、胳膊、腰腿部等处，帮助身体放松。

冥想 2 分钟　闭眼深呼吸，集中注意力于一呼一吸之间。可以想象自己身处蓝天下，坐在河边看流水，因为蓝色会令人放松。

眼睛转 3 圈　眼睛的转动与脑部活动密不可分，转动眼球，有利于帮助大脑调整转换思路，是一种安心秘方。试着眼睛左右转 3 圈，也许就能改变心情。

学会观察情绪　人的情绪就像浪花，每天都会潮起潮落。试着找到自己的情绪规律，当情绪突变时，你就不会感到太意外。

祈祷 5 分钟　每天花 5 分钟，祝福自己与他人，让心灵得到洗礼。

（侯　俊）

小贴士八十六

唠叨能助女性长寿

美国一项近 20 年的心理学研究发现，唠叨并不是坏事，在某种程度上，可帮助女性提高记忆力，并延长寿命。研究人员指出，女性爱唠叨是因为她们更乐意与人交流，也更善于适应老年生活，而言语正是提高记忆力、释放心理压力的不可或缺的因素。爱唠叨说明她们对生活的敏感性高，运用脑子的机会也多。所以，家人不要因老年人唠叨而厌烦。相反，还要多鼓励不爱说话的老年人开口。

（邓　竹）

小贴士八十七

长寿莫忘五"放松"

放松时间　不要把时间安排得过紧，即使著书立说、写文章或搞文艺创作，也不宜争分夺秒去做。帮儿女干事儿，也得悠着点儿。

放松大脑　不要把神经的弦儿绷得太紧，不要事事都操心，以防用脑过度导致心脑血管疾病突发。

放松肌肉　坚持力所能及的健身锻炼自不可少，但切不可逞能去做剧烈运动和干重体力活。

放松人际关系　无论家里外头，对人都应多些理解和宽容，得饶人处且饶人，切莫过于较真儿，以求心态平和。

放松金钱　应该在活着的时候适当贴补给儿女，以增进感情；或奉献社会，以完善人格。当然，若儿女不孝，自己留作依靠（俗称"过河"钱）也属必要。

（赵　刚）

小贴士八十八

人缘好免疫功能强

科学家们发现，良好的人际关系对人的免疫系统和心血管系统有很好的调节作用。

科学家们曾对那些做好事和人际关系好的人做过测试，发现他们的唾液中能抵御呼吸道传染病的抗体 β－免疫球蛋白 A 比平时增高了。科学家们还发现具有敌视他人心理的人和暴躁、经常与人吵架的人最容易患冠心病及心肌梗死。而那些人际关系好、心地善良、人缘好的人，他们的寿命都比较长。相比之下，那些没有社会关系或非常孤僻的人死亡率是人缘好、爱交际人的 2.6 倍。

（林　思）

小贴士八十九

洗澡常做三个小动作

疲劳时常搓脸 洗澡时搓脸能舒展表情肌，搓脸速度以每秒搓脸3～5下、每次不少于3分钟为宜。

消化不良勤吸气 食欲缺乏时可以在饭前30分钟入浴，用热水刺激胃部。待身体暖和后，在胸口周围冲热水，每冲5秒休息1分钟，重复5次；或泡澡20～30分钟，同时做腹式呼吸（从鼻子吸气，让腹部鼓起，然后从口呼出），再用稍冷的水刺激腹部。这种冷热水的刺激能促进胃液分泌，提高食欲。胃酸过多，或患有胃及十二指肠溃疡的人，在热水中浸泡3～4分钟，可控制胃酸的分泌，减轻和控制病情。

有便秘揉肚子 洗澡时用手掌在腹部按顺时针方向按摩，配合腹式呼吸并淋浴腹部，可治疗慢性便秘并防治痔疮。神经性便秘，需沿着肠部用40℃热水冲3分钟左右，再用25℃的温水冲10秒钟，反复5次，可促进大肠蠕动，消除便秘。　　　　　　　（青　前）

小贴士九十

生气巧试四个"一"

让一让 退一步海阔天空，不要总以为自己是一贯正确的。和别人闹翻了，首先要进行自我反省，想一想自己有哪些不对，不要过分计较个人恩怨，凡事想得宽些，即使你是正确的，在非原则问题上也应有忍让精神。当时让一让，不去争个你高我低，待心平气和后再和对方交谈，往往可以收到意想不到的效果。

走一走 一句话、一件事惹得你怒气将生时，你应该提醒自己别停在这儿，立即到别处走一走，离开让你生气的对象。走一走，换换

环境，会使你觉得心胸开阔，气也会慢慢消除掉。

说一说 把怒气强行积郁在胸中，憋在肚子里自个儿琢磨，其结果必将越琢磨越想不通，越想不通气越大。这时你不妨找个平素要好的朋友，把自己的想法倾诉一下，这样会痛快许多。也许对方会说几句劝解、同情、关怀和批评的话，对你却能起到减轻痛苦、排解怒气的作用。

干一干 生气了，非常苦恼，不如去干一点体力活，做一做自己爱做的事情，手脚不停，会转移你的注意力，从而安定情绪，恢复理智。

（英　求）

小贴士九十一

生气揉捏两穴位

不生气的办法有很多，主要是修身养性，豁达宽容，一笑了之。若你一旦生气了，不妨按摩以下两个穴位，会收到明显的效果。

太冲穴 它的位置就在脚的大脚趾和二脚趾之间，脚背的 1/2 处。每天早晚，用一只脚的脚掌，按摩另一只脚的太冲穴，从后向前搓 50 下，然后再换脚搓 50 下，有解郁消气、舒肝利脾之功效，人们也称它为"消气穴"。

膻中穴 它的位置就在两乳头连线的中心点上。每天早晚，手掌放在该穴位上，从上向下按摩 50 次，可疏通肝气，开胸解郁，使全身愉悦舒服，因此人们也称它为"开心穴"。

（易忠荣）

小贴士九十二

使用加湿器记住五个数

1 米 最好把加湿器放在 1 米高的专门放置加湿器的桌子上，这样喷出的湿气正好在身体的活动范围内，也容易随室内空气流通。此外，加湿器最好与家电、家具等保持 1 米以上的距离。

25℃ 如果想在短时间内使房间湿度上升，最好关上门窗，让环境温度保持在 10℃ ~ 25℃。

40℃ 使用温度低于 40℃ 的清洁水，最好每天换水，以防止水中的微生物散发到空气中影响健康。

1 个月 对于直接加自来水的超声波加湿器，最少 1 个月就必须用原厂的专门清洗剂清洁一次，否则积累下的水垢会堵塞甚至烧坏机器。

1 ~ 2 年 纯净式加湿器保养较为方便，只需 1 ~ 2 年换一次蒸发器、过滤网即可。而电热式加湿器需定期清洗水箱中的水垢，不要用硬物刮除水垢，不要用洗涤剂、煤油、酒精等清洗机身和部件，以免损坏。

（富　廷）

小贴士九十三

当心钥匙污染

据有关部门抽样检测，60%以上的钥匙带有大肠杆菌、结核杆菌、真菌等致病菌。这里向您介绍几种简单的钥匙消毒法。

阳光消毒 晴天中午，把钥匙放在阳光下晒半小时，大多数细菌可被阳光中的紫外线杀死。

洗烫消毒 将钥匙在自来水龙头下边冲洗边用硬毛刷刷，只能使细菌减少1/3。要是用开水再烫一次，则细菌几乎可全被杀死。

药物消毒 取1千克水，加入5%的新洁尔灭4～8毫升，浸泡15分钟，或用含氯石灰（漂白粉）少许加水浸泡，也可对钥匙起到杀菌消毒的作用。

（项觉修）

小贴士九十四

午睡有益健康

美国航空航天局的科学家研究发现，24分钟的午睡，能够有效地改善驾驶员的注意力与表现。

历史上许多名人有午睡的习惯。爱因斯坦认为，每天午睡帮助他提神醒脑，使他更有创造力；拿破仑则因为长期失眠而习惯用午睡来补充精力；英国首相丘吉尔在二战期间，靠白天补充睡眠来恢复体力，以肩负国家重任，他认为午睡可以增加工作量，甚至可以将一天当做两天用，至少是一天半；爱迪生也是喜欢用午睡把一天分成两半来使用的人；还有美国总统——肯尼迪、里根、克林顿，也都有睡午觉的习惯。

健康的午睡以15～30分钟为宜，若超过30分钟，身体便会进入不易睡醒的深睡期，容易打乱生理时钟，影响正常睡眠。

如果要午睡，最好养成每天定时定量午睡的习惯。

（黄树海）

小贴士九十五

四招预防首饰综合征

医学上将由佩戴首饰引起的不良反应统称为首饰综合征。预防首饰综合征，应做到以下几点：

首先，应该先了解自己是否属于过敏性皮肤。如果是，则最好不要佩戴首饰；如果必须佩戴，则应该缩短佩戴时间。

其次，最好选用纯金、纯银首饰，购买有质量检测合格证书的首饰，尽量避免佩戴镀金、镀银、镀铬、镀镍等容易引发皮炎的饰物。

再次，佩戴首饰后，出现皮肤瘙痒、红肿或皮疹时，应停止佩戴。

最后，定期清洗。首饰是藏污纳垢之物，可传播多种疾病，可用中性洗涤剂或热水浸泡清洗。

（王书杰）

小贴士九十六

凡事等个"三分钟"

睡醒后赖床三分钟　清晨是很多急性疾病的发病高峰时间，被戏称为"魔鬼时间"，所以专家建议，睡醒后不要着急起身，应先在床上闭目养神三分钟后再起床，活动一下四肢和头颈部，一天都活力充沛。

开水泡茶等待三分钟　用开水冲泡茶叶三分钟以上，茶叶中的咖啡碱才能渗透出来，此时茶叶的味道最为纯正，提神醒脑的作用也最好。所以用开水先泡茶三分钟，倒掉水后再重新冲泡三分钟，就可以喝了。

吃热喝凉间隔三分钟　吃完热菜后如果马上饮用凉水，血管会由热变冷急剧收缩，出现头晕、恶心、胃疼等症状，所以吃完热菜后，短时间内不要食用温度反差强烈的食物，间隔三分钟后再食用，以减小对胃部的刺激。

（刘谊人）

小贴士九十七

低温长寿

来自美国、日本、俄罗斯等国的医学情报均指出，在长寿学的研究中发现，降低人的体温确有延年益寿的作用。

低体温为什么会长寿呢？研究指出，体温与基础代谢率有密切关系。体温下降，代谢率亦相应下降，当体温降至30℃时，人体代谢可降低一半，机体的氧耗量仅为正常时的50%。在长寿学的研究中，有一种"生活能"消耗学说，即每个人都有其特定的"生活能"，此能一旦释放完毕，生命即告结束，此人也就寿终正寝了。

所以，为了长寿，必须让"生活能"缓缓释放。寒带低温环境中的人之所以长寿，就是因为环境温度低，"生活能"释放较慢。专家指出，若能使人的体温降低2℃～3.5℃，人的寿命可由目前的70多岁延长到150岁。美国更有学者在设计一种"速冻冷床"，希望借此将体温降低至22℃左右。如获成功，人可以活到200岁。　　（康 德）

小贴士九十八

错误习惯藏隐患

牙刷放在卫生间的洗脸池上　平均每30平方厘米的抽水马桶内壁上就有320万个细菌。当你冲水时，这些细菌会呈烟雾状散开，落在牙刷上。所以牙刷最好不要暴露在卫生间内。

电视机摆在餐厅里　吃饭时可不能三心二意，边看电视边吃饭的人进食速度快，摄入的热量比不看电视吃饭的人多71%。

用冰箱为温热食物降温　把食物放入冰箱来降温反而"欲速则不达"，而且更容易滋生细菌。最好是将煮好的食物放在室温下自然冷却。

晚上看书不宜亮顶灯　顶灯太亮会影响人体褪黑素分泌，让人越

看越清醒。因此，晚上看书时宜选择瓦数低一些的台灯。

喝奶不要晚于睡前3小时　随着年龄增长，老年人咽部肌肉松弛，容易发生呼吸不畅。呼吸的压力会造成食物反流，轻者被咳醒，重者会窒息死亡。入睡前喝奶增加了老年人咳醒的发生率，如要喝奶，请尽量在睡前3小时之前。　　　　　　　　　　　　　　（赵治山）

小贴士九十九

不当的节俭

节俭是中华民族的传统美德。然而，节俭一定要有度，不适当的节俭贻害无穷。

买廉价的眼镜或太阳镜　"一分钱一分货"的老话有时不得不信，廉价眼镜或太阳镜由于材料质量低劣，做工粗糙，用久了会损害视力，因小失大。

食品、日用品过期照常吃、照常用　殊不知，过期的食品和日用品中有毒有害物质及细菌病毒的含量增加，会损害身体健康。

不及时开抽油烟机　油烟和煤气是呼吸系统的大敌，吸入体内危害极大，炒菜做饭不要为了省电非要等到呛得受不了时才开机。

频繁关闭电器　为了省电，电灯、电视、空调等短时间内开关。其实，一开一关，电没省多少，却缩短了电器的使用寿命，甚至还可能增加耗电量，得不偿失。

使用便宜的电源插头、插座　便宜货常常是次品，质量不能保证，无疑增加了安全隐患。

牙刷、毛巾用久了不舍得换；剩菜、剩饭时间长了不舍得扔。

以上这些不该节省的地方如果节省了，实则是"捡了芝麻丢了西瓜"！　　　　　　　　　　　　　　　　　　　　（郑　光）

小贴士一零零

貌似卫生的不卫生做法

白纸包食品　许多厂家在白纸的生产过程中使用漂白剂，而漂白剂极易对食品造成污染。

卫生纸擦拭餐具、水果　国家质检部门抽查结果表明，许多种类的卫生纸都未经消毒或消毒不彻底，上面含有大量细菌，很容易黏附在擦拭的物体上。

饭桌上铺塑料布　塑料布虽然好看，但容易积累灰尘、细菌，而且有的塑料布是由有毒的氯乙烯树脂制成的。餐具和食物长期与塑料布接触，会沾染有害物质，从而引发许多不必要的疾病，影响健康。

用纱罩防蝇　苍蝇虽然不会直接落到食物上，但会停留在纱罩上面，仍会留下带有病菌的虫卵，这些虫卵极易从纱孔中落下而污染食物。

用毛巾擦干锅、碗、盆、杯等餐具及水果　我国城市所用自来水都是经过严格消毒处理的，用自来水冲洗过的餐具及水果基本上是洁净的，不用再擦。而毛巾上存活着许多病菌，用毛巾再揩干反而会二次污染。

将快变质食物加热后再吃　一些家庭主妇将一些快变质的食物高温高压煮过再吃，以为这样就可以彻底消灭细菌。医学证明，细菌的毒素非常耐高温，不易被破坏分解。

（语　熙）

小贴士一零一

热水妙用八法

使用热水治小病，用得巧可达到超乎寻常的效果，常用的手法有敷、烘、浸等。

热敷：

1. 肩膀感到有点僵硬不适时，可在热水里加少量盐和醋，然后用毛巾浸水拧干，敷在患处，能使肌肉由张变弛，轻松舒畅。

2. 身上长疖子红肿疼痛时，可用热水浸湿毛巾，敷在疖子上，反复几次，其症状会很快消失。

3. 感冒头痛时，将一条浸过热水的干净毛巾叠平压在患者眼、鼻或头顶部的风池穴等部位，可大大缓解头痛。

4. 由感冒引起鼻塞不通时，可在临睡前，用热水浸透的毛巾敷于两耳部约 10 分钟，就会使鼻腔通畅、呼吸自如。

熏烘：

5. 对于因外感风寒、久处阴冷潮湿环境造成的风湿性腰部寒痛，可以用热水蒸气熏烘的方法，使腰际受暖而除去寒湿。

热浸：

6. 患感冒而又不愿吃药时，可用热水浸脚治疗。如果在水中放些盐、醋，则疗效更佳。

7. 当偏头痛发作时，取一盆热水（水温以不烫伤皮肤为宜），把双手浸入热水中，在浸泡过程中，要不断加热水，以保持水温。大约浸泡半小时，痛感便逐渐减轻，直至完全消失。

8. 血压升高时，可用热水泡脚降压。

（严双红）

小贴士一零二

解暑降温，用热有道

盛夏季节，热浪滚滚，人们对"热"望而生畏。殊不知，热茶、热汤、热水澡，降温有效，解暑有道。

热茶　喝热茶能促使皮肤毛细血管和汗腺扩张，增加汗液的排出，还能带走部分热量。茶碱还有提神醒脑、轻微兴奋神经中枢的作用。所以，喝热茶后，随着体内热量的散发，汗液蒸发量的增加，体表温度也随之下降，人体便会产生凉爽的感觉。

热汤　热汤进入体内，使内脏血管及表皮毛细血管扩张，血流速度加快，发汗增加，从而带走大量的热量，起到有效降温的作用。

热水澡　用热水洗澡，可使毛孔和毛细血管扩张，血流量增加，有利于身体深部的热量被带到体表通过汗液散发。　　　　（杨爱红）

小贴士一零三

日常如何防静电

为了防止静电产生，室内要保持一定的湿度，要勤拖地，适当洒些水或使用加湿器。人要勤洗澡，勤换内衣，以消除体表积聚的静电荷。当自己的手触到任何东西都发出"啪啪"的响声时，可摸一下墙；在脱衣服之前，或者摸门、水龙头之前也可摸一下墙，将体内静电"放"出去，这样静电就不会伤害你了。　　　　（顾书媛）

小贴士一零四

洗米水防假牙变黑

老年人戴的假牙，时间一长会变黑。如果把洗米水用瓶子装起来，每天晚上把假牙取下来用清水洗干净后放在装洗米水的瓶子里泡着，第二天早上再把假牙洗干净戴上。每天如此，假牙就不会变黑。

（杨爱红）

小贴士一零五

防米虫妙招

海带防虫 大米（小米）和海带按重量100∶1的比例混合放置，可防虫和霉变。注意每10天左右把海带取出晾晒15分钟左右，一份海带可反复使用20次。

花椒防虫 在米桶内放三四个纱布包，每包装约20粒花椒，即能防虫。

白酒防虫 暂不吃的大米（小米），在米中埋入白酒（小瓶50毫升）不盖盖，瓶口略高出米袋表面，米袋封好口，酒精中的乙醇自然挥发，可有效杀虫除菌，5年都没问题。 （王玉昆）

小贴士一零六

唱歌有助于治疗打呼噜

英国埃克塞大学一份研究报告称，唱歌可以锻炼呼吸道的肌肉，增加空气吸入量，从而起到减轻或制止打呼噜的作用。若每天白天唱两次歌，每次20分钟，长期坚持下去，就可使打呼噜减轻甚至不打呼噜了。

俄罗斯一名音乐教师在试验中，让打呼噜者专门唱一些能锻炼口腔后部和咽喉上部肌肉的固定歌曲。让口腔固定部位的肌肉收缩，久而久之便可使这些肌肉变得有力，从而减轻舌根下坠，使打呼噜减轻甚至消失。 （陈抗美 赵富廷）

小贴士一零七

慢吸快呼更年轻

呼吸会影响身体的其他生理功能，比如血压、心率、血液循环、体温等。学会呼吸的第一步是放松腹部肌肉。当腹部肌肉放松后，以恰当的方式把气体呼出来，力争做到吸气的长度是呼气长度的两倍。

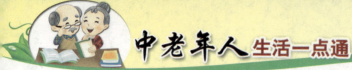

每天找些时间，试着用这种方法有意识地呼吸，对调养身体很有好处。

（戴祖义）

小贴士一零八

快速治打嗝

1. 喝一口水但是不要下咽，然后仰头，双眼看着正上方时再下咽口中的水。这时你会感觉从喉咙里出来一口气，这证明打嗝已经好了。有时喝的水少了可能不管用，注意咽水的时候要闭嘴。

2. 用手罩住自己的口鼻，进行 3 ~ 5 次深呼吸。用呼出的二氧化碳的浓度，来调节神经系统，抑制打嗝。

（何旭东）

小贴士一零九

对付"电视眼"

快速眨眼 缓慢地进行深呼吸。当吐气时，快速地睁眼和闭眼，而且慢慢地把气吐干净。

瞅鼻尖 缓慢地深呼吸。当你吸气时，将眼睛做斗鸡状看着自己的鼻尖并同时看到鼻子的两边；当你吐气时，眼睛放松恢复正常，看一远方的物体，并慢慢把气吐净。

按压穴位 闭上眼睛，把拇指放在太阳穴上。用食指第一关节和第二关节间的指腹，平稳地触压眼窝上缘和眼窝下缘，从鼻子向太阳穴进行。

热敷冷冰交替治疗 先用热毛巾捂在闭着的眼睛上 30 秒钟，然后浸一条长毛巾到冰水里，捂在眼睛上，重复几次。

（雷　云）

小贴士一一零

衣穿三层更保暖

天冷着装，并非越厚越好，穿衣服也要讲究"层"数。多穿几层稍薄的衣服，保暖效果更好。层数多，层间的空气流通相对较好，即使出了汗也容易干，这就总能保证衣服里面空气的保温效果。另外，层数多，有脱换的余地，无论室内、室外总能保持身体温度的相对稳定，而不会忽冷忽热，使身体着凉。因此，只有穿多层才能真正起到保暖的作用。一般在冬天，至少穿三层衣服是比较合适的。 （林 小）

小贴士一一一

硝酸甘油不要贴身放

硝酸甘油为挥发性药品，如果贴身存放在口袋里，人的体温会逐渐增加药品的温度，加速硝酸甘油的挥发，时间一长药效就没了。

由于国产硝酸甘油保质期最长只有一年，心血管患者对这个"救命药"一定要注意有效期。用舌头舔一下，能帮你判断有效期。如果有点甜味，说明有效，否则就失效了。 （王秀兰）

小贴士一一二

别用放大镜代替老花镜

放大镜只适合老年人在某些场合或特殊情况下临时使用，它不仅起不到保护眼睛的作用，较长时间使用还会导致眼睛酸胀、疲劳，并伴有头疼的症状。而且，若长时间用放大镜代替老花镜，等再配老花镜时就很难找到合适的度数了。 （林 心）

小贴士——三

别用硬币刮痧

古人曾用铜钱（或汤匙）蘸香油给患者刮痧，现在也有一些老年人用硬币代替刮痧板，给自己刮痧，这是万万使不得的。因为硬币的边缘有些锐利，极易刮伤皮肤，很容易造成细菌感染，甚至淋巴管的感染（皮肤起红线）。建议选用牛角或羊角材质的刮痧板，牛角与羊角均是中医药材，有凉血消毒的功效。刮痧板边缘光滑圆润，操作时更为方便。

（杨元德）

小贴士——四

戒指不要一直戴着

戴戒指，除了它的装饰作用外，还因为它常具有某种纪念意义。有不少人数年、甚至于数十年戴着戒指，从来没有摘下来过，这种习惯不好。因为随着年龄增大，人的指关节会退化，并且逐渐变形变大，这时戒指就可能摘不下来。时间久了，手指会因血液不流通而导致肿胀，诱发手指疾病。

有的人为了防止戒指滑落，还用红线缠着戒指使它戴得紧一些，这种做法更不可取。因为人在关节衰老的过程中，骨膜会变厚，软骨会增生，一夜之间手指突然肿起来的现象并不少见，一旦发生了水肿，手指将会因戒指而受伤。所以，如果发现摘戴有困难，则不应再戴戒指。

除非必要的场合，平常最好不要戴戒指，要戴也应选择型号宽松的戒指。

还有一些人习惯睡觉时也戴着戒指，这样也不好。就算健康人在早晨醒来后也可能会出现轻度的水肿，虽然水肿的时间不长，如果晚上睡觉前不摘掉戒指，清晨手指水肿卡住了静脉，静脉血液流通不畅会造成肿胀，这样很容易诱发手指疾病。因此，睡前最好将戒指取下，以避免不必要的麻烦。

（周文水）

运 动 篇

    老年人运动往往缺乏科学合理的指导，常常出现运动的效果不明显，甚至出现不必要的运动损伤。因此，老年人不能仅凭热情从事运动锻炼，应根据自身健康状况，循序渐进地开展体育活动。

小贴士一

五种"最好"的运动

最好的抗衰老运动：跑步　只要持之以恒坚持健身跑，就可以调动体内抗氧化酶的积极性，从而收到抗衰老的功效。

最好的健美运动：体操　只要持之以恒进行健美操和体操运动，加强平衡性和协调性锻炼，就会收到明显效果。

最好的健脑运动：弹跳　弹跳运动可促进血液循环，起到通经活络、健脑和温肺的作用，提高思维和想象力。

最好的护眼运动：打乒乓球　打乒乓球对于增加睫状肌的收缩功能很有益，视力恢复的效果更明显。打乒乓球时眼睛以乒乓球为目标，不停地远、近、上、下调节和运动，不断使睫状肌放松和收缩，大大促进眼球组织的血液供应和代谢，因而能行之有效地改善睫状肌的功能。

最好的抗高血压运动：散步　据日本专家研究，可供高血压患者选择的运动方式有散步、骑自行车、游泳。散步时肌肉的反复收缩促使血管收缩与扩张，从而降低血压。　　　　　　（盛　林）

小贴士二

有氧运动

争取每天做半个小时的有氧运动，如步行、慢跑、打太极拳等。步行时可采取变速行走法，就是在行走时变换速度，如先采用中速或快速走30秒至1分钟，然后缓步走2分钟，交替进行，行走的具体速度可以根据自己的体力来定。行走时要尽量挺胸，配合呼吸锻炼，一般走4步一吸气，走6步一呼气。每天行走1～2次，共30分钟。

（刘　吉）

小贴士三

晨起做做养生功

老年人早晨醒来后不要急于起来，在床上做做养生功，对身体大有益处。整套动作大约费时10分钟。

伸懒腰（能伸两次为最佳）　伸展脊柱，按摩脊柱两侧自大杼穴至命门穴的10多个重要穴位，可迅速恢复体力。

蜷缩双腿压向胸口，并尽量吐气　将胸腹中的废气排净，起到保健作用。

伸直身子左右翻滚两下，可刺激身体两侧穴位　以手轻敲颈椎突出部位120下；所敲处即大椎穴，是主宰全身阳气的主穴，刺激后可起到疏风解表、温轻散寒、清脑宁神的保健功效。

坐于床沿，用十指梳头120下　宜自额前的神精穴经四神聪穴、百会穴、强间穴、脑户穴，直到风府穴下的哑门穴止。这些头顶诸穴，特别是紧靠着顶心百会穴的4个神聪穴，经梳头刺激后，可令您一天保持清醒。

（张宝英）

小贴士四

柔性运动使您年轻

广播体操　可以在音乐声中锻炼躯体的柔韧性，每天 15～20 分钟。

排球运动　可以锻炼瞬间反应能力，每天 15～20 分钟。

1200 米步行　可以培养持久力并增强肌力。每周进行一次，要求 10 分钟之内走完 1200 米，但是对于关节炎患者、脑血管意外后遗症患者及血压过高且控制不满意的患者不必限制时间，随意走完 1200 米即可，而且脉搏不要超过每分钟 100 次。

肌肉、关节的屈伸运动　肌肉、关节的屈伸、扭转运动，可防止肌肉萎缩和关节僵硬、挛缩，锻炼敏捷性和适应性。每周进行一次，每次 1 小时。任何方式都可以，如扩胸、伸展、转体运动等。

传球运动　需 3 人以上，由慢渐快地传球，可以锻炼反应能力，每天 10～15 分钟。

上述运动的共同特点就是柔，因此非常适合老年人。（白云水）

小贴士五

"软运动"不可少

剧烈运动前最好做些柔性运动，可以扩展关节的活动范围，使僵硬紧绷的肌肉得到舒解，增加身体的协调性，提高动作效率，减少运动伤害。

如果很久没有运动过，可先做些伸懒腰动作，平躺在床上，将双手伸直往头上方尽量伸展，再改坐姿到站姿继续做，慢慢地拉伸；然后让膝盖弯曲，双手抱紧腰，逐渐用力直到膝盖碰到下巴；最后做床上扭动动作，让肩及膝盖分别往相反方向扭动。

平时运动前，也可先做深呼吸，让腹部鼓起，然后慢慢伸展身体。

从头部开始，慢慢地转动身体各个部位，动作缓慢轻柔。起床前可先用 2 ~ 3 分钟充分伸展身体，先伸伸臂抬抬腿，接着伸伸懒腰，全身伸展，以促使肌肉"苏醒"。

（张丰春）

小贴士六

健身十节操

抓挠　起床后轻微活动一下肢体，喝半杯开水润喉。身体直立，左腿前弓，右腿伸直，两臂平伸。两手抓挠 10 次，然后左右腿交换，重复抓挠 10 次。

仰背　身体直立，两臂向前平伸，五指并拢，手掌向下。然后上身前倾，眼看后方，然后还原，重复做 10 次。

转臂　身体直立，两臂一前一后，扭转上体。然后向相反方向扭转，两臂前后交换，双目看脚背，重复做 20 次。

伸腰　身体直立，脚踝靠拢，两手置于身前。两腿伸直，弯腰向前，双手摸脚背，然后还原，重复做 10 次。

打背　身体直立，两脚稍分开，左右两手相互交错，拍打后背，重复拍打 20 次。

踢臀　身体直立，两手稍分开，用脚后跟甩踢臀部，左右各踢 10 次。

拍身　身体直立，用两手掌轻快地拍打周身各部。先拍上身，后拍下身。拍的次数不限，可以重复做两遍。

踢脚　身体直立，两脚分别做踢毽子动作。上身保持平正，眼看脚踢动作，左右各踢 10 次。

叩齿　身体直立，双手垂下，心平气和，牙齿上下交错磕碰 30 次。

搓头　身体蹲下，双手十指梳发，由前向后。然后用双手挠头，按摩头皮。依照头的不同部位，各按 10 下，重复做 10 次。　（王延群）

小贴士七

空竹"抖"出健康来

抖空竹是一种全身运动，靠四肢的巧妙配合来完成。它带动身躯前后左右地移动，两臂舒张，从而能促进全身的血液循环，提高四肢的协调能力和灵敏性，还可以延缓衰老。

提高视力、智力 抖空竹时，注意力高度集中，做各种花样时，眼睛始终要注视着空竹在空中旋转位置的变化，随时反映给大脑作出正确的判断。所以双眼和脑神经在抖空竹的过程中会不断得到锻炼和提高。

加强血液循环 抖空竹时，肌肉舒张，呼吸自然，会加速血液循环，从而促进人体各器官的供血供氧充分，物质代谢也得到改善，因而能使高血压、动脉硬化等病症得到缓解。

刺激消化系统 抖空竹运动对胃肠道消化系统起着机械性的刺激作用，可改善消化道的血液循环，有促进消化的作用，预防便秘，这些对老年人很重要。　　　　　　　　　　　　　　　　（傅　绘）

小贴士八

散步的"3、5、5"原则

散步可不是简单地走走停停，要遵循"3、5、5"原则，即每天30分钟，每次5000～6000米，每周5次。小腿是人的第二心脏，按照这个频率散步，可促进体内新陈代谢，同时使呼吸顺畅，达到锻炼效果。

患慢性病的老年人和体质虚弱的老年人，散步后要注意自己是否舒服，膝盖、脚、髋关节是否疼痛，心脏是否有不舒服的现象。如果出现不适感，应尽快咨询医生。　　　　　　　　　　　　（泽　珊）

小贴士九

自行车健身六法

自由骑车法 即不限时间，不限速度，主要目的是放松精神，放松肌肉，调节呼吸和神经，从而达到缓解身心疲劳的作用。

强度骑车法 先是规定好脉搏，并以此来限定每次的骑车速度。与从事其他运动一样，将脉搏控制在年龄加心率不超过170是比较安全的。这种强度可有效地锻炼心血管系统。

间歇骑车法 先慢骑几分钟，再快骑几分钟，如此交替循环进行。这样可减轻疲劳程度，有效地锻炼心肺功能。

力量骑车法 根据自身条件去用力骑行，在锻炼心肺功能的同时，可有效地提高双腿的力量或耐力，并且强健骨骼。此法适合于体质较好的中老年人。

有氧骑车法 以中速骑车，骑30分钟左右，同时注意加深呼吸。此法适合于绝大多数老年人，持之以恒对提高心肺功能很有好处。

脚心骑车法 用脚心部位接触自行车的脚蹬子，因脚心部位为涌泉穴所在之处，故脚心蹬车可起到按摩涌泉穴的作用。此法可与其他骑法交替进行，久而久之会收到意想不到的效果。 （吉 俊）

小贴士十

"假装" 运动

假装运球 早晨起来第一件事就是活动手指和甩动手臂及手腕，双手手掌伸直，手指交叉，两只胳膊成波浪式起伏，好像健身球在手臂上运动一样，这样能促进血液循环，此动作可做 1 ~ 2 分钟。

假装转脚蹬 平躺仰卧，手臂向上伸直，好像用手去转动自行车的踏脚一样，做 1 ~ 2 分钟。

假装飞翔 站立，两臂伸向两旁，好像鸟拍翅膀似的慢慢挥动手臂，

做 1 ~ 2 分钟。

假装打沙包 想象前面有一个沙包，用拳头击过去，或是与一个假想的对手在打拳，可做 10 ~ 20 次。

假装抛球 想象手中拿一个球，做将球抛向空中的手势，双臂各做 10 次，稍稍休息后，再做 10 次。 （黎　洁）

小贴士十一

保健巧用一分钟

手指梳头一分钟 用双手手指由前额至后脑勺，依次梳理，以增强头部的血液循环，增加脑部血流量，对头发也有保健作用。

轻揉耳轮一分钟 用双手手指轻揉左右耳轮至发热舒适，因耳朵布满穴位，这样做可使经络疏通，尤其对耳鸣、目眩、健忘等症，有防治之功效。

转动眼球一分钟 眼球顺时针和逆时针运转，能锻炼眼肌，提神醒目。

叩齿卷舌一分钟 轻叩牙齿和卷舌，可健齿并增加舌的灵敏度。

伸屈四肢一分钟 通过伸屈运动，可促进全身血液循环，并增强关节的灵活性。

轻摩肚脐一分钟 用双手掌心交替轻摩肚脐，因肚脐上下是神厥、关元、气海、丹田、中脘等各穴位所在位置，常按摩可强身健体。

收腹提肛一分钟 反复收腹提肛可增强肛门括约肌收缩力，促进血液循环，预防痔疮的发生。

蹬摩脚心一分钟 仰卧，以双足跟交替蹬摩脚心，使脚心发热，可促进全身血液循环，有活经络、健脾胃、安心神等功效。

左右翻身一分钟 在床上轻轻翻身，可活动脊柱大关节和腰部肌肉。

以上运动，无须用整块时间，只需有效利用一些闲散时间，如晨醒后、起床前、看电视、等车时，或在公交车上。只要长期坚持，必能奏效。 （李　辉）

185

小贴士十二

"转一转"有奇效

转头 身体放松，站立或坐在椅子上，双手叉腰或捧腹，头微微下低，顺时针方向及逆时针方向各转 20 圈，每天早晚转 2 次，可增强头部供血能力，对防治神经性头痛、失眠、颈椎骨质增生及预防老年痴呆症，都有明显的效果。

转腰 直立，两脚分开与肩同宽，双手叉腰，四指在前，拇指在后，压住腰眼。按顺时针方向转动腰部 30 圈，再逆时针方向转动 30 圈。经常坚持对防治慢性腰肌劳损、风湿性腰痛、腰椎骨质增生等效果较好。

转肘 双脚分开站稳，双臂先由前向后转 30 圈，再由后向前转 30 圈，所转圈数可根据自身能力而定。对防治肩部风湿疼痛等疗效明显。

转腿 双脚并拢，微微下蹲，双手夹住双膝，按顺时针方向转 30 圈，再逆时针方向转 30 圈。每天坚持做 2 次，可增强膝部关节和腿部肌肉的力量，对防治膝关节疼痛、风湿性关节炎、下肢静脉曲张及小腿抽筋等效果显著。

转目 端坐或站立一处，双目正视前方，然后运动双目由左向右顺时针转 30 圈。转目时应尽量向远处看，并固定上下左右可视目标。经常转目能增强眼部活力，缓解视力疲劳，防止视力衰退。　　（赵富廷）

小贴士十三

赤足健身要注意

1. 尽量选择光滑圆润、大小适中的卵石，卵石不宜太大，更不宜太尖。
2. 有骨关节退行性病变和骨质疏松的人，要少走卵石路。
3. 足底有溃疡或外伤的人，不宜进行赤足健身。
4. 不宜在雨天或冷天进行赤足健身，以免足部受凉导致疾病。如

果非要坚持锻炼，最好穿上合脚的防滑软底鞋。

5.有钩虫病流行的农村，因泥土易受粪便中的钩虫污染，不宜练习赤足行走。（周向前）

小贴士十四

太极拳——老年人最适宜的健身选择

有资料显示，常练太极拳的老年人，其运动能力和身体综合素质均明显优于不练太极拳者。

太极拳可增强心血管功能。有人曾组织138名冠心病患者练太极拳，经5年追踪观察发现，其中110人（占80%）症状有明显改善。

此外，练太极拳可提高老年人的平衡能力并有益于防治骨质疏松。尤其是练太极拳可平和心理，改善神经系统功能。练太极拳时的安静祥和及全神贯注，有助于摒弃杂念，化解忧愁，加之其柔缓的动作，更可克制焦躁，使心态趋于平和，从而改善神经内分泌系统功能。（宜言）

小贴士十五

"网虫"健身操

"高龄电脑族"多有不同程度的肩背肌肉酸痛等症状。上网久了不妨做做这套"网虫"健身操。

头部运动　两脚前后站立，前腿屈膝，重心在两腿中间，两臂伸直下垂，肩下沉，头部向前伸，拉长颈部肌肉；下肢不动，头向屈腿一侧转动，收下颌，同时两臂屈放于腰部，上体随头部转动。

肩部运动　两脚分立稍宽于肩，一腿屈膝，另一腿直立，重心在两腿中间，两手屈臂上举并置于头后，两手拉住，向屈腿的一侧下拉，

头向下看；两腿伸直站立，双臂伸直上举，两手握住，抬头挺胸，收腹站立；站位或坐位均可，身体面向正前方，一臂向对侧平举，另一臂屈曲，并向下内方拉引直臂。

腰部运动 两脚分开站立与肩同宽，一臂上举，另一臂下垂，身体向侧方拉伸，上臂尽量向远伸，抬头挺胸；两腿并拢站立，双手分开向后（可扶墙），头和躯干向后屈，抬头挺胸，两肩放松；下肢不动，头和躯干由后向前屈，低头弓背。 （小　沫）

小贴士十六

模拟健身四法

大雁展翅 把自己想象成一只展翅翱翔的大雁。首先，两脚分开与肩同宽，双手叠放在小腹部。然后，两手从身体两侧向上高高举起，同时用鼻子吸气，下落时，缓缓呼气，一吸一呼为 1 次，每日进行 6 次。

鲤鱼摆尾 把自己想象成一条在水中畅游的鲤鱼。立正姿势，双膝微屈，重心下移，以双脚为轴旋转腰部，先顺时针旋转 6 次，再逆时针旋转 6 次。

左右拉弓 模拟拉弓的姿势。两脚开立，一手屈肘一手平伸，以前脚掌为支撑点并屈膝，向左右转动，转动时手臂用力向后拉。

手举千斤 模拟向上举重物的姿势。两脚开立与肩同宽，双手掌面向上用力上举，然后逐步下降。 （赵桂龄）

小贴士十七

趣味健身：学学小动物

仿驼瑜伽 这是效仿骆驼动作的瑜伽姿势。首先，双手放在腰间，双膝跪在地上，然后慢慢把上身向后仰，仰至快要不能支撑时，用双手握住双脚的踝部，保持这种后仰姿势，以腹式呼吸重复3次。此法使大腿和腹部的肌肉得到充分运动，同时，由于腹部绷紧，刺激了肠道，对预防便秘效果明显。

仿猫拱腰 每天清晨睡醒后，趴在床上，撑开双手，伸直合拢双腿，撅起臀部，像猫儿拱起脊梁那样用力拱腰，再放下高翘的臀部。反复十几次，可促进全身气血流畅，防治腰酸背痛等疾病。

仿狗行走 像狗一样走路，四肢着地，右手和左脚、左手和右脚一起伸出移动身体前行。每天坚持走20步，可以防治由于长时间站立或行走引起的腰痛、胃下垂、痔疮及下肢肿胀等疾病，对防治腰痛尤其有效。

仿蝗跷腿 身体俯卧，双肘弯曲，双手贴在胸部下方的床板上。接着上身仰起，双脚并拢并尽量抬高，缓慢进行3次腹式呼吸，每天数次。效仿飞蝗跷腿这一动作，尤其适合女性。　　　　　（小　沫）

小贴士十八

健身不妨跳跳绳

美国著名健身专家里奇·桑旦勒认为，跳绳每小时消耗热量约4168焦耳，持续跳绳10分钟，与慢跑或跳健身舞30分钟相当，可谓是一项耗时少、耗能大的健身运动。

英国健身专家玛姆强调，跳绳能增强人的心血管、呼吸和神经系统功能，能预防糖尿病、肥胖症、骨质疏松、神经衰弱、抑郁症和更年期综合征等多种疾病。

跳绳运动以下肢弹跳动作为主，可使小腿变得更有爆发力，也使大腿和臀部肌肉更结实，从而使步态更稳健。跳绳还可消耗腹部脂肪，并且由于弹跳刺激大脑，可增强脑细胞活力，提高思维反应能力，增强身体的灵活性和协调性。 （金　秋）

小贴士十九

"六蹲"健全身

靠椅蹲　练习者用自己的背部、腰骶部倚靠椅背，下蹲后保持不动。练习时间可以逐渐延长，以 2 ~ 4 分钟为宜。

并腿蹲　双脚并拢，然后双膝弯曲，大腿腿腹与小腿腿腹紧贴在一起，保持 1 ~ 3 分钟。

分腿蹲　两脚分开与肩同宽，两脚平行，双膝弯曲小于 90 度。臀部保持稳定，不要左右晃动，距地不超过 10 厘米，练习时间为 1 ~ 3 分钟。

脚尖蹲　两脚前脚掌着地，脚后跟抬离地面。双膝弯曲，大腿压着小腿，时间控制在 30 秒 ~ 1 分钟即可。

脚跟蹲　与脚尖蹲正好相反，即脚跟着地，前脚掌悬空，如果太难把握，可以让脚底的后 2/3 部分接触地面。时间控制在 30 秒 ~ 1 分钟即可。

弓步蹲　迈出左脚，右脚脚尖触地呈脚尖蹲状态，两腿成弓步。将身体重量落到两脚之间，每练习 30 秒调换一次左右脚。

这几个动作可以分开做，也可以连在一起做。注意：做任何下蹲动作都要求含胸收腹，保持上身挺直，膝关节要对准脚尖。另外下蹲锻炼时既要讲究循序渐进，又要注意坚持不懈。 （胡　海）

小贴士二十

走路可使大脑敏捷

众所周知，走路对保持心脏健康有好处。新的研究发现，走路对保持大脑的敏锐也有好处。一项研究报告指出，每天至少走路2小时可以推迟老年痴呆症的发生达6～8年时间。

研究人员对2257位居住在夏威夷的71～93岁的退休男性进行了长达8年的跟踪，结果发现那些每天走路少于400米的老年人与每天走路超过3200米的老年人相比，患老年痴呆症的风险增加了80%。而每天走路超过400米，但少于3200米的老年人与走路最多的老年人相比，患老年痴呆症的风险略高一点。

另外一项类似的研究是对16466位70～81岁的女性进行的。结果发现，那些每周走路2～11小时的妇女与很少活动的妇女相比，在学习与记忆等大脑功能的测试中成绩更好。

在动物实验中，研究人员也发现，锻炼可以降低大脑中淀粉样蛋白的水平，这种黏性蛋白质堵塞在大脑中就会引起老年痴呆症。锻炼还能够提高荷尔蒙水平，增加大脑的血流量。　　　　　　（李无忌）

小贴士二十一

筷子也是"按摩器"

筷子是一个很好的按摩器。人体的手部和脚部是神经的聚集点，有很多穴位和病理反射区。仅手的正面就有70多个病理反射区和治疗穴位。这些穴位可治疗百种疾病，平时经常刺激按摩手部穴位相关的病理反射点，可使内脏不断受到良性刺激，逐渐强化其功能，达到保健功效。比如每天晚饭后，用筷子摩擦双手拇指根部的大鱼际穴区，可防治感冒。其他家里一些类似细长形状的物品也可以拿来当按摩棒使用。

小贴士二十二

脚跟走路可延年

前进和倒走法 身体自然直立，头端正，下颌内收，双目平视，上体稍前倾，臀部微翘，两脚成平夹角90度外展，两脚脚尖跷起，直膝，依次左右脚向前迈进，或依次左右脚向后倒走，两臂自由随之摆动，呼吸自然。

前进后退法 即进三退二。动作要求和要点与前面相同，向前走三步，后退两步，也可左右走，或前后左右走。此法在室内外均可进行。

下楼梯锻炼法 身体自然直立，头端正，下颌内收，上体稍前倾，臀部微翘，两脚成平夹角90度外展，两脚脚尖跷起，直膝，精神集中，目视楼梯台阶，依次左右脚向下迈步。如此练习力度较大，适于身体好、手脚灵便者。

脚跟走路与散步相结合锻炼法 平时走路用脚跟走，散步时有意识地用脚跟着地，两者交替进行。这样既能调节情趣，又能提高锻炼效果。久而久之，养成习惯，就能达到强身健体、延年益寿的效果。

注意：

锻炼时间以上午和傍晚为佳，地点应选在公园、田野、河边树木较多、空气新鲜的地方，道路宜平坦，以免跌倒或扭伤。

冬天应注意保暖，所穿鞋袜以舒适、合脚为宜。无论采用哪种方法，都要注意动作要领，若在室内锻炼，一定要空气清新，通风良好。

锻炼时，不能急行或感到气急，不可进行竞赛式锻炼，运动量也不宜过大。

（平　章）

小贴士二十三

行走速度快的老年人更长寿

美国匹兹堡大学的研究人员对 492 名 65 岁以上的老年人进行了为期 10 年的研究发现，那些行走速度较快的老年人要比行走速度慢的老年人长寿。

研究人员考虑了性别、种族、年龄、慢性病及住院治疗等因素后发现，一个人行走速度的快慢似乎是预测寿命长短的一个独立因素。

发表在《华盛顿邮报》上的这项研究称，在这 10 年里，行走速度快的老年人中有 27% 去世，而行走速度慢的老年人中则有 77% 死亡。

研究人员指出，步行速度可以显示人体的心、肺、四肢及循环系统等许多器官的机能。

（方留民）

小贴士二十四

运动休闲两不误，边看电视边健身

不少老同志离开工作岗位后迷恋在家看电视，使运动量大为减少。其实，看电视的时间若能充分利用，也能增加一天的运动量。比如，看电视时，将客厅腾出个空间，边看电视边做甩手运动。遇电视广告则休息一下，换原地踏步，调整呼吸，或翘脚尖走路，绕小圆圈，然后再换甩手运动。这样 30 分钟下来甩手最少也甩了 1000 下，加上原地踏步、翘脚尖走路，如此持之以恒，不但可甩出健康，还会使腹部缩小，体重减轻，浑身感觉自在舒服。

（胡　琴）

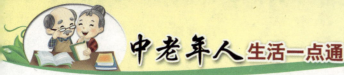

小贴士二十五

家务活，变运动

给拖地板限时间 拖地板时，放一些轻松明快的音乐，然后为自己设定一个时间限制，在这个时间内完成拖地板这项家务劳动。这样不仅能使你的劳动变得更有效率，同时还能使肩膀、手臂等部位的肌肉得到锻炼。

洗完盘子用手甩干 洗完盘子后，不要用烘干机或干布将盘子上的水抹掉，取而代之的是用两只手来对它们进行甩干。

可以双手各持一只盘子以站立的姿势将盘子置于身体两侧，然后稍稍弯曲手肘，模仿鸟类挥动翅膀的姿势上下摆动来"甩干"盘子。这样坚持下来，可以使肩关节得到锻炼。

把餐具调味品散开放 将厨房中常用的厨具、餐具和调味品分开摆放在厨房的各个角落里，烹调时，就需要快速移动脚步和腰部去取它们，不知不觉中，就已经做了扭腰和走动这两项运动了。

（西　晚）

小贴士二十六

烹饪运动两不误

踮脚 洗菜时，双腿稍稍用力，踮起脚尖，吸气，抬起，呼气，放下，整套动作做 10 次，这样既可以拉长小腿肌肉，又可以减轻长时间站立的疲劳感。

单腿 站立切菜时，将全身重心放在一条腿上，另一条腿侧迈出一步，脚尖着地，腿用力伸直，向侧面提起，保持 20 秒，然后换另一侧。

弯腰 洗碗时若站立时间过长会使你的腰部肌肉感到疲劳。结束洗碗池边的工作时，两脚分开与肩同宽，距池边有一大步距离，双手

扶着水池边缓缓弯腰，拉伸腰背肌肉，下压 5 次。

转腰　洗碗或洗菜时顺便多运动一下腰，不要把洗好的东西就近放在手旁，双脚原地不动，通过转腰将洗净的物品放在身后的位置。

转头　利用炒菜等待的间隙，站在锅边活动一下头部及肩部。头部向左和右交替绕环。

手臂伸展　拿取较高位置的调料或炊具时，不要随意地一拿了事，要用力伸展手臂，将力量由大臂一直传导至指尖，同时双腿用力，踮脚尖。

（西　晚）

小贴士二十七

练平衡，防跌倒

平时坚持进行平衡练习不仅能增强四肢的能动性及屈伸性，还可以改善身体的平衡力，防止跌倒。以下两法不妨一试：

站姿练习　将重心移到左腿上，慢慢从 1 数到 20，再将重心转移到右腿上，慢慢从 1 数到 20，重心交替在左右腿上移动，重复做 10 次以上。

坐姿练习　两手慢慢上抬，与肩平行转动上身，两手随之转动，上身先转向左，两眼注视左侧片刻，然后上身转向右，两手随之转向右，两眼注视右侧片刻，反复做 10 次。接着蹬脚，高与膝齐平，上身慢慢下俯，先伸出左手触摸右脚趾，然后恢复端坐姿势，接着再慢慢下俯，伸出右手触摸左脚趾，反复做 20 次。

（刘宜人）

小贴士二十八

爬行健身又祛病

爬行并不是婴儿的专利，专家认为，爬行对于老年人也是一种很好的健身方法，是一项极易开展的有氧运动。

科学研究表明，四肢爬行时，人体的血液流通比直立行走时更顺

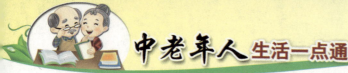

畅，能减少患腰椎疾病的风险。爬行具有全身活动的特点，能使老年人食欲增加，睡眠安稳。专家表示，爬行可以放松腰部，减少椎间盘压力，能起到锻炼腰肌的作用，有助于减少腰椎疾病的发生。

另外，爬行时静脉回流阻力小，肛门压力低，有助于痔疮康复。爬行时应选择比较松软的地方，最好戴上护膝。具体姿势是双膝、双肘或双手着地爬行，速度先慢后快，以不喘不累为原则。早餐后半小时进行爬行最为适宜。开始时一次10分钟，以后可控制在20分钟左右。患有高血压并且控制不好的老年人最好别做这项运动。　　（项觉修）

小贴士二十九

温和运动有益于前列腺

包括散步、慢跑、打太极拳和做体操等在内的运动，都属于温和运动。温和运动除了能提高整体的抗病能力之外，还能通过腹部、会阴和臀部肌肉的活动促进前列腺局部的血液和淋巴循环，有利于局部炎症的吸收和消退，从而改善慢性前列腺炎的症状。局部血液循环的改善，可促使药物迅速到达前列腺内，因此可提高药物疗效。

美国科学家的一项研究发现，65岁以上的男性，经常参加体育活动者，患前列腺癌的风险比不常参加运动者低70%左右。该研究还称，由于运动有助于延缓前列腺癌细胞的扩散，所以65岁以上的男性，如果每周进行3个小时以上的积极锻炼，患晚期前列腺癌的可能性会大大降低。

值得注意的是，长时间的骑跨运动，如骑自行车、摩托车及骑马等，由于局部受压，可能造成前列腺充血和前列腺液排出受阻，从而加重病情，故应尽量避免。　　（章严）

小贴士三十

预防中风常做小动作

摩擦颈部 双手摩擦发热后，按摩颈部两侧，以皮肤发热发红为宜。然后双手十指交叉置于后脑，左右来回擦至发热。可以配合一些转头活动，头前俯时脖子尽量前伸，左右转时幅度不宜过大。

反向旋转 取站立姿势，两手紧贴大腿两侧，下肢不动，头转向左侧时，上身旋向右侧，头转向右侧时，上身旋向左侧，共做 10 次，然后身体不动，头用力左旋并尽量后仰，上看左上方 5 秒钟，复原后，再换方向做。

运动肩部 双手放在两侧肩部，掌心向下，两肩先由后向前旋转10 次，再由前向后旋转 10 次，接下来做双肩上提、放下的反复运动，每次耸肩尽量使肌肉有紧迫感，放松时也要尽量使肌肉松弛。

两脚画圈 活动踝关节，不仅可以疏通相关经络，还可刺激关节周围的腧穴，起到平衡阴阳、调和气血的作用，降低中风危险。（羽辰）

小贴士三十一

关节炎患者的最适宜运动

游泳 游泳能锻炼全身肌肉和关节，可增强肌力和关节功能。特别是膝关节，是在不承受体重、负荷最小的状态下活动。因此，游泳对膝关节炎患者更为适宜。

骑车 骑自行车既锻炼了下肢肌肉和关节功能，又不因过度持重而损伤关节。但要注意慢行，车上不要载重物，并且尽量避免骑车走上坡路。

慢走 以小于80步/分钟的速度每天在平路上步行 30～40 分钟，对膝关节的锻炼也有一定好处。

伸展四肢 如果因病情较重，不适合做室外运动，可仰卧在床上

做些四肢伸展运动，每天早晚各 1 次，每次 20 ~ 30 分钟，让全身各个部位的肌肉和关节得以舒展。　　　　　　　　　　（邢更彦）

小贴士三十二

运动可降血脂

有些高血脂患者，经过控制饮食和长期服药治疗，血脂依然居高不下。怎么办呢？可通过运动来解决这一问题。

美国某医院对长期食用高动物脂肪饮食的海军陆战队员进行身体检查时，发现他们的血脂与普通饮食的居民相似。究其原因在于，这些军人每天都进行大运动量的训练活动。虽然他们每日摄取大量的动物脂肪，但被大量的体力活动所代谢、利用和消耗，故其血脂水平依然正常。检查结果还表明，运动不仅能降低血清胆固醇水平，且能改善胆固醇的"素质"。它能减少"坏"胆固醇，增加"好"胆固醇。

必须指出的是，以运动降低血清胆固醇，不可操之过急，必须循序渐进，量力而行。特别是老年人，逐步增加运动量和运动时间，找出自己的适度运动量，一定会有收效。　　　　　　　（吴国隆）

小贴士三十三

眼瑜伽，强视力

眼瑜伽主要是通过眼肌的伸展和收缩来对眼睛进行锻炼，经常练习眼瑜伽可防治老花眼。背靠椅子坐下，闭目，头尽量向后仰，感觉后颈凹处微微酸痛。后颈凹处的风池穴和天柱穴是能够防治老花眼的穴位，这两个穴位距离很近，在后颈凹左右 2 厘米处，后仰时这两个穴位得到压迫。头后仰保持 15 秒后缓缓伸直，猛睁开眼睛，往远处看约 1 分钟。然后再重复闭目头后仰动作，反复练习 10 次。最后转动眼球 5 次，让眼球尽力向左右斜上方看 15 秒，以牵拉眼睛睫状肌，增强其弹性，每天早晚各 1 次。　　　　　　　　　（飞　鱼）

小贴士三十四

摩目护眼

按压眼球也被称为"摩目"，仔细清洗双手后，双目轻闭，眼球呈下视状态。用食指和中指指腹置于上眼皮上端，指尖贴着上眶边缘，食指、中指交替按压眼球上边缘。也可用手掌的下端，即近关节处，以上眶边缘作为支撑，轻压于眼球角膜的上缘上端，并由外向内侧进行旋转揉压。

不管用哪种方法，其力度都应为手指有压陷感，但又不能让眼球有胀痛及眼冒"金花"的感觉为宜。

摩目在上午 10 ~ 11 点，下午 4 ~ 5 点进行最好，因为此时眼睛最疲劳，每次时间最好不要少于 8 分钟，摩目完再向远处眺望一小会儿，效果会更佳。

（朝　辉）

小贴士三十五

两招防治"老花眼"

局部按摩法　用双手食指指端按压眼内角上的睛明穴。每次半分钟左右，以局部皮肤潮红发热，微感酸胀为度。

热敷法　先将专用毛巾折成两折，泡在热水中，捞出拧干后，稍散热气，以不烫为准，放在双眼上。这时双眼睁开，让热气直接作用于眼球。毛巾温度降低后，再泡在水中后拧干敷在眼上，反复 3 次。（王广生）

小贴士三十六

动动嘴唇好健脑

嘴唇运动能刺激唾液的分泌，有利于延缓衰老。嘴唇运动能促使面部 40 多块肌肉有节奏地运动，有利于头面部及口腔内组织、器官的保健。嘴唇运动还有健脑的作用，可在一定程度上防止脑衰，对预

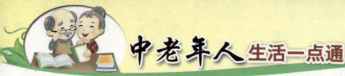

防老年痴呆、脑中风很有帮助。

开闭嘴唇法 将嘴巴最大限度地张开，发"啊"声或呵气，然后再闭合，有节奏地一张一合，每次连续 100 下或持续 2 ~ 3 分钟。

擦搓嘴唇法 将嘴唇闭合，用右手两指轻轻在嘴唇外擦搓，直到局部发红、发热为止。这样能改善口腔及牙龈血液循环，增强口腔和牙齿的抵抗力。

闭唇鼓腮法 闭住嘴唇向外吹气，使腮部鼓起来，用手指轻轻按摩腮部，持续 2 分钟，这样可以防止腮部肌肉萎缩塌陷。　　　（智　刚）

小贴士三十七

顺拐走路可健脑

运动也需要突破常规。走路时尝试抬起同一侧的胳膊和腿、倒着走、向后跳等"反序运动"，能很好地锻炼人的神经系统，提高身体的平衡性和灵敏度。

锻炼方法 选择一段没有障碍，约 20 米长的路；向前走，在迈左腿的同时，左臂也向前摆起，右臂向后抬；之后换右侧，一直走 20 米。开始时不必追求速度，先做对动作。

接下来，向后倒着走，先将重心放在右腿上，左腿抬起，向后走一步；重心移到左腿上，同时右腿抬起向后迈步；手臂自然垂于身体两侧。

经常做这样的练习能够充分调动一些平时练习不到的肌肉，能有效刺激人的神经系统，使人的动作更敏捷、更协调；还可以促进大脑皮层的紧张感和兴奋度，有助于全身功能的调节。

注意事项 练习时要把握好身体重心，避免在马路、石子路等硬地面和凹凸不平的路面上进行，选择在草地、土地、沙地比较安全。

（文　娜）

小贴士三十八

仰头张嘴可缓解皮肤松弛

年龄最容易体现在面部和颈部。随着年龄的增长，面部和颈部的皮肤会失去弹性，出皱下垂。通过锻炼颈部和面部的肌肉，可以增强肌肉张力，促进血液循环，减少皮肤下垂状况，让人看起来更年轻。

首先，身体坐直，脑袋后仰直视上方。嘴唇紧闭，然后进行大幅度咀嚼运动20次，可以锻炼颈部以及下巴的肌肉。继续保持后背挺直，脑袋后仰直视上方。张开嘴巴，舌头尽可能地向外伸展，并保持呼吸均匀，坚持10秒钟。或者坐直，眼睛平视前方，嘴巴尽可能地张大，用鼻孔均匀地呼吸，保持10秒钟，可以使下巴及嘴角的肌肉紧绷。

（小　新）

小贴士三十九

嚼口香糖：老年人的牙齿体操

嚼口香糖一向被看做是年轻一族的"专利"，老年人很少有人问津。其实，老年人嚼口香糖也大有裨益。美国健康学家费尼尔医生建议，老年人也应时不时地嚼点口香糖。对此他解释说，嚼口香糖时口腔分泌的唾液可中和细菌产生的酸液，这可保护老年人日渐衰败的牙齿免受腐蚀。嚼口香糖可当做一种牙齿体操，可有效防止牙龈萎缩及牙周病。同时，嚼口香糖可消除牙缝里的食物残渣，清洁口腔，避免口臭。此外，嚼口香糖不仅锻炼了咀嚼肌，还可锻炼面部肌肉，延缓皱纹产生。

（车　骧）

小贴士四十

捏鼻子可防鼻病

按摩鼻翼　坐位，思想集中，大脑入静，头正颈直眼向前看，口唇闭合，用鼻呼吸。两手微握拳，用屈曲的拇指背面平贴在鼻梁两侧，然后做上至鼻根下至鼻翼两侧的按摩运动，两手同时操作约50次直到局部有热感为止。

推按鼻根　用双手拇指、食指夹住鼻根两侧，用力适度向下拉，自上而下拉20次左右。

点按迎香穴　将双手中指或食指点按迎香穴（在鼻翼外侧约1.6厘米处），50次左右。

点按印堂穴　用拇指、食指、中指的指腹点按印堂穴（位于两眉中间），50次左右。

捏按鼻中隔　用拇指和食指放入鼻孔少许，捏按鼻中隔，50次左右，使鼻腔通畅，防治鼻病。　　　　　　　　　　　（孙承钢）

小贴士四十一

扯耳朵，防耳鸣

常扯耳朵能起到疏导经气、聪耳开窍的作用，且能显著缓解耳鸣。

过顶提耳法　先用右臂弯曲过头顶，用右手拇指、食指和中指捏住左耳耳尖向上提拉150次，再用左手按此法提拉右耳150次。

双手拉耳法　用两手的拇指、食指捏住耳垂向下拉150次；再用两手的中指在前，食指在后搓耳根，一上一下为1次，共搓150次。每天早中晚三次扯耳朵，每次10分钟，一般坚持一个月，耳鸣现象便可基本消除，听力也会大为改善。　　　　　　　　　　（宜　仁）

小贴士四十二

放松你的脸

眼睛运动 轻闭双目，眼球做最大范围的圆圈运动和上下、左右的平移。轻闭双目做，这样能减少目眩感。做完后睁开眼向远处瞭望。

眉毛运动 可以对着镜子，提起一侧眉毛，保持几秒钟放下，再换另一侧。

嘴的运动 嘴唇向外撅起，做鸭嘴状，口张成"O"字形，再做吹口哨状，维持几秒钟后还原；嘴角尽量向两边拉开。

下颌运动 双手捧住脸的两边，轻轻挤压下颌，再放开，做3～5次；下颌向下伸，嘴张开，再合上，上颌尽量不动，做3～5次。

面部按摩 搓热双手后，手掌在额、面颊、下颌等处轻轻按揉。用手指肚轻轻按压眼窝、鼻子两侧、耳郭、耳垂等部位。　　（张文英）

小贴士四十三

防脸部鱼尾纹，多瞪瞪眼

要防脸部鱼尾纹，有个简单的方法，即多瞪瞪眼。不眨眼的同时刻意提升绷紧下眼袋16～21秒，再稍用力眨眼8～14次；然后顺时针、逆时针分别各转动眼球14圈，接着按摩眼外角易产生鱼尾纹的部位70次，最后搓热手心，捂按在闭着的双眼上。

这样可推迟眼袋下垂和鱼尾纹的产生，并且由于停止眨眼和后来连续用力眨眼，会促使泪液分泌，滋润眼球，可缓解眼部疲劳。（刘谊人）

小贴士四十四

颈椎康复操

左顾右盼 取站位或坐位，两手叉腰，头颈轮流向左右旋转。每当转到最大幅度时，稍稍转回后再超过原来的幅度。两眼亦随之尽量

朝后方或上方看。两侧各转动 10 次。

仰望观天 取站位或坐位，两手叉腰，头颈后仰观天，并逐渐加大幅度。稍停数秒钟后还原。共做 8 次。

颈臂抗力 取站位或坐位，双手交叉紧抵头后枕部。头颈用力后伸，双手则用力阻之，持续对抗数秒钟后放松还原。共做 6 ~ 8 次。另一种方法是：取站位或坐位，两手于头后枕部相握，前臂夹紧两侧颈部。头颈用力左转，同时左前臂用力阻之，持续对抗数秒钟后放松还原，然后反方向做。各做 6 ~ 8 次。

转身回望 取站位，右前弓步，身体向左旋转，同时右掌尽量上托，左掌向下用力拔伸，并回头看左手。还原后改为左前弓步，方向相反，动作相同。左右交替进行。共做 8 ~ 10 次。

环绕颈部 取站位或坐位，头颈放松转动，依顺时针方向与逆时针方向交替进行。共做 6 次。

过伸仰枕 仰卧，将枕头上缘置于平肩位，使头向后伸呈仰枕位，坚持 20 ~ 30 分钟。

（李 薇 缪海萍）

小贴士四十五

学鸡啼，健颈椎

双脚分离与肩同宽，两手臂放在身体两侧，指尖垂直向下（坐时两手掌放在两大腿上，掌心向下），眼睛平视前方，全身放松。

抬头缓慢向上看，要尽可能把头颈伸长到最大限度，并将胸腹一起向上伸（不能单纯做成抬头动作）；然后将伸长的头颈慢慢向前向下运动，好似公鸡啼叫时的姿势，再缓慢向后向上缩。每做一个连续运动需持续 1 分钟，向上伸和向后缩都要挺胸收腹。　　（木 子）

小贴士四十六

鸟弓操，健颈椎

研究发现，鸟是不会得颈椎病的，这不仅与它身体构造有关，而且与它的飞翔密不可分。人类的双臂就像鸟儿的翅膀，如果能经常上下扇动就可有效地放松僵硬的颈、肩、背部肌肉。鸟弓操就是模拟鸟展翅飞翔的动作，简单易学。

身心放松，双臂自然放于身体两侧，双脚并拢，立正姿势。按个人习惯向前迈出左（右）脚，前脚跟距离后脚尖大约半脚远，两脚间距为一个半脚掌宽，以保持身体稳定。

双臂缓慢前举向上至与肩同高同宽时向后两侧展开，同时头向前缓慢伸至最大限度，略停留 2～3 秒。想象自己是一只悠然自得的海鸥飞翔于蓝天碧海中，呼吸着清新的空气，感受着温暖的阳光。

双臂按原路返回，头缓慢恢复至原位。每回做 10 次，每天 1～2 回。

温馨提示 开始做操时不要过于拉伸，动作要和缓，以免肌肉关节受伤。 （小　沫）

小贴士四十七

锻炼颈椎"三九操"

捏九把 手指用力，把脖子后面的肌肉捏紧提起来，一捏一放，左手右手各捏九把，能放松颈部肌肉。

摩九下 用手掌和手指面横向紧贴脖子后面的肌肉推过去再拉过来，这样算一下，左右手各摩九下，让颈椎四周发热，促进颈椎四周血液循环。

扳九下 用手指紧贴脖子后面用力往前拉，头往后仰形成对抗牵引，左右手轮换，各扳九下，可以改善因低头过多而导致的颈椎曲度变直。 （爱　思）

小贴士四十八

放风筝防治颈椎病

放风筝时，人要仰首举目，挺胸抬头，前俯后仰，全身都参与活动，特别是颈椎得到充分的锻炼。经常放风筝，可以保持颈椎、脊柱的肌张力，保持韧带的弹性和椎关节的灵活性，可预防椎骨和韧带的退化。

放风筝时有跑有停，有进有退，躯干、四肢动作协调、连贯、自然，因此经常放风筝的人，手脚灵活，思维敏捷。

在空旷开阔的场地放风筝是最好的空气浴，在风和日丽的大自然中放风筝也是最好的日光浴。放风筝时人的呼吸或急或缓，心率快慢有度，可增强心肺功能，促进机体新陈代谢，延缓器官老化，并且对其他一些老年性疾病的防治也大有裨益。

（刘　杰）

小贴士四十九

握力强，寿命长

研究发现，握力是衡量健康的一个关键指标，手掌握力强的人寿命会更长。我们可以通过以下几种锻炼方法来提高握力。

负重前臂屈伸练习　两脚自然分开，两臂下垂反握或正握杠铃杆，做前臂屈伸，每个动作做 8～15 次，每次 1～2 分钟。也可以用哑铃、拉力器、砖头等重物进行练习。

负重腕屈伸练习　前臂放在桌子上或腿上，两手握杠铃杆或持小哑铃等重物，做腕关节的向上、向下屈伸动作，每个动作做 8～12 次，每次 1～3 分钟。也可以单手持哑铃做练习。

抓放重物练习　单手持重物，手心朝下，手指松开重物后又马上合拢并抓住重物，使其不落地，反复进行多次。

卷绳练习　两臂伸直握木棍，木棍中间结扎一条捆着重物的绳子，两手交替向前或者向后转动木棍，反复进行 8～12 次。

（俊　杰）

小贴士五十

手杖健身操

手杖除了在行走时发挥重要作用外，使用手杖进行健身操，可使活动更加到位，拉伸更加充分且方式更加多样，把徒手做操提高到一个新的层次。

体侧运动　双脚比肩稍宽，双手持手杖两端，手臂伸直，举至头上方，做体侧运动。注意是腰的左右拉伸，不是手臂的左右摆动。

腹背运动　双脚比肩稍宽，双手持手杖两端，手臂伸直，举至头上方，先向后振臂，再弯腰向下，腿不要弯。

上臂绕环　双脚比肩稍宽，双手持手杖两端，放至体前。右臂抬起，经左侧脑后绕至身前放下；左臂抬起，经右侧脑后绕至体前放下，连续做。然后反方向，连续做。

下蹲上举　双脚与肩同宽，双手持手杖两端放至脑后。下蹲，起立，同时持杖手臂上举。手臂上举的同时，提踵。做完一节后，下一节在手臂上举时，单脚直立，另一腿抬膝，双腿交替。　　　　　　（成　舟）

小贴士五十一

动动手指足跟尖

动动手指　先用右手拇指依次按右手其余 4 个手指的指头，分别为按食指 2 次、中指 1 次、无名指 3 次、小指 4 次；然后反过来分别按无名指 3 次、中指 1 次、食指 2 次。即采用 2、1、3、4、3、1、2 的顺序，总共按 16 次。接着换左手操作。其原理是，反复进行这种数指头的细致运动，使大脑潜力得到充分开发，防止大脑老化。

动动足跟尖　双脚不穿鞋袜，自然分立，与肩同宽，双手手掌放在背后腰部，全身放松，轻松屈膝，左足前进一步，先让足跟着地，

足尖翘起，接着足底轻轻着地，再慢慢提起足跟，重心放在足尖上。再换右足，一步一步向前迈进。每天早晚各练 15 ~ 20 分钟，可改善体内器官，尤其是心脏的功能。

小贴士五十二

动手指，延衰老

老年人到一定年龄后可能出现脑衰老，其实经常做些保健小动作，可以最大限度地减慢大脑衰老的速度。

拇指、小指交替 左手握拳，伸出大拇指，右手握拳，伸出小拇指，然后换手。即左手将大拇指收回，并伸出小拇指；右手将小拇指收回，并伸出大拇指，如此交替。以 1 分钟交替 15 次为宜。

拳、掌交替 左手握拳、右手伸掌，指尖指向左手小鱼际（左拳的小指侧），再换右手握拳，左手伸掌，指尖指向右手小鱼际（右拳的小指侧）。如此左右互换交替，以 15 秒钟内交替 20 次为宜。

捶、搓交替 取坐姿，左手伸掌放在左大腿上，并前后搓动。右手握拳，放在右大腿上，上下捶动。这样一搓一动，熟练后再换手。即左手改为握拳，放在左大腿上上下捶动，右手改为伸掌，在右大腿上前后搓动。如此准确交替，以每分钟交替 30 次为宜。 （小 沫）

小贴士五十三

适当做做对墙俯卧撑

一项新研究结果表明，经常进行举重、俯卧撑等力量训练，不仅能强壮骨骼和肌肉，还能起到改善血管弹性、增加四肢血液流动、降低血压的功效，对心血管的健康十分有益。

中老年人可以选取高位俯卧撑锻炼，即对墙练习。双脚开立与肩同宽，距墙一臂远，面墙站立，两手掌撑在墙上，然后做肘关节屈伸

运动。以每周锻炼2～3次为宜，但不宜做长时间的低头、憋气、下蹲、弯腰等动作，切忌屏气使劲，以免使心脏血输出量骤增，血压上升，发生脑血管意外。在训练过程中应密切注意自己的身体变化，如出现胸痛、呼吸急促等症状时，应立即停止。 （辰　雨）

小贴士五十四

久坐时可做做扩胸运动

久坐不动，会使心肺功能难以得到充分锻炼。久坐的人由于热量消耗少，心脏做功减少，心肌收缩无力，容易患上动脉硬化、高血压、冠心病等。对于习惯久坐的人来说，有一种简单而有效的延缓肺功能衰退的方法，这就是扩胸运动。

每坐一两个小时后，站起来，双臂展开，做扩胸运动。每次舒展胸部3～5分钟。做扩胸运动的次数、强度和频率，应根据自己身体状况而定。

扩胸的同时，可上下左右，缓缓活动颈部，自由自在地耸抬双肩，侧侧腰身，做做深长呼吸，并不时捶打或按摩腰部肌肉。整个过程要放松自然，这样才能使心肺功能增强，改善脑缺氧状况，达到松弛大脑神经、振作精神的作用。同时由于做扩胸运动时需要站起来，这样一个站立的小动作还可以使腿部的肌肉收缩，令下肢的血液回流至心脏，能有效预防深静脉血栓的形成。 （海　菱）

小贴士五十五

自我锻炼缓解肩周炎

手指爬墙 患者面对墙壁站立，用患侧手指沿墙缓缓向上爬动，使上肢尽量高举，到能忍痛的最大限度，在墙上作一记号，然后再徐

徐向下回原处，反复进行，逐渐增加高度。

体后拉手 患者自然站立，患侧上肢呈内旋并后伸的姿势，另一侧手拉患侧手或腕部，并向上牵拉。

单手触肩 让高抬的左手臂，经过脑后触摸右肩头，再让右手臂经过脑后触摸左肩头，两臂交替多次重复进行。症状重者可以循序渐进，争取触到肩头。

拉轮练习 在高处装一小滑轮，在滑轮穿一绳，绳两端各系一小木棍，患者两手拉着小木棍做上下拉动。

踮脚练习 后跟先离地，将身体重心转移到脚底外侧，随之再转移到脚掌下面接近脚趾根的部分，使身体处于放松状态，呼吸要有节奏，长期坚持，每次不可过量。患有重度骨质疏松的老年人，不建议踮脚走路。

（莫 言）

小贴士五十六

让肩膀动起来

缺乏运动是导致肩周软组织慢性劳损或病变的主要原因。生活中，最好让肩膀动起来，增加肩关节及周围组织的血流量，从而增强新陈代谢。

站立姿势，侧手握门框，逐渐下蹲，用自己的身体重量来牵拉肩关节，反复数次。动作的次数、强度应量力而行，循序渐进，但在严重疼痛期以轻做、少做为宜。

取立正姿势，两脚分开，与肩同宽。把一条长毛巾搭在肩上，一只手放于背后，另一只手放在胸前，双手抓紧毛巾的两端，用力反复拉动，如擦背状，次数不限。

两脚开立，与肩同宽，两臂下垂。屈肘上提，两掌与前臂相平，提至胸前与肩平，掌心向下；两掌用力下按，至两臂伸直为度。上提时肩部用力，下按时手掌用力，肩部尽量放松，动作宜慢。 （木 易）

小贴士五十七

四招改善驼背

老年人驼背绝大部分并非疾病所致，而是一种衰老的表现。凡脊柱和肩背骨骼无损伤者，均可选用下列方法改善。

1. 坐在靠背椅上，双手抓住臀部后的椅面两侧，昂首挺胸，每次坚持 10 ~ 15 分钟，每日做 3 ~ 4 次。

2. 背对墙，距墙约 30 厘米，两脚开立与肩同宽，两臂上举并后伸，同时仰头，手触墙面再还原，反复做 10 次，每日做 2 ~ 3 遍。

3. 仰卧床上，在驼背凸出部位垫上 6 ~ 10 厘米厚的垫子，全身放松，两臂伸直，手掌朝上，两肩后张，如此保持仰卧 5 分钟以上，每日做 2 ~ 3 次。

4. 坐或站立，双手横持体操棒或长度超过肩宽的棍棒，放在肩背部，挺胸抬头，感到肩背部肌肉酸胀即停，每日早晚各做 1 次。（小　溪）

小贴士五十八

锻炼腹肌防摔益寿

老人锻炼腹部肌肉，不仅能防止摔倒，还能延年益寿。老年人身上普遍存在几大问题：躯干和下肢的肌肉退化，关节活动不灵活，平衡能力和瞬间爆发力差，驼背、肌肉持久力差等。要保持支撑身体躯干的肌肉力量，就必须进行肌肉锻炼，首要就是锻炼腹肌。

站立式腹肌锻炼法　凸腹吸气，然后凹腹吐气，连吐 5 ~ 10 口气。这么做能锻炼到腹肌，有助改善老年人身上常见的啤酒肚现象；上下楼梯时这么做，效果会加倍。

卧式腹肌锻炼法　平卧床上两手交叠放于小腹之上，深深吸气凸腹，缓缓吐气凹腹，随后抬起上身，肩膀离床 5 ~ 10 厘米，保持该姿势 2 秒钟，整套动作可以连做数回乃至十数回，以自觉不疲劳为宜。　　　（林　易）

小贴士五十九

腹部运动很时尚

腹部按摩 一只手掌以掌心贴附肚脐，另一只手掌叠在上面，顺时针方向以画陀螺的方式轻轻边按边摩擦，由肚脐逐渐画圈至全腹按摩 100 下，再倒回到肚脐，也按摩 100 下。再双手交换，逆时针以同样方式再按摩一遍。

要达到最佳效果，应在排空小便后，肚子不太饱又不太饿的情况下进行腹部按摩。按摩时要掌握力度，手法既要轻柔、均匀，又要有一定的渗透力，不要使劲下压，否则容易伤害体内器官。

腹式呼吸 腹式呼吸与我们平时的胸部呼吸相反，它能利用到整个肺部，令我们的血液循环加速。

1. 吹线练习。把一条细线悬挂在正前方约 50 厘米处，深呼吸，把线吹动，且吹得越远越好。

2. 向水吹气。通过吸管（如饮料管）向杯中水下吹气，使水泡不断，逐渐延长时间。

3. 双脚分开与肩同宽，双臂自然下垂，深吸气时头部稍上仰，深呼气时渐渐做深吸蹲位。与此同时，双手放在腹部前面，在呼气即将完成时，稍加用力按压腹部。

（刘谊人）

小贴士六十

蛙式养生功

蛙式养生功因其动作似青蛙而得名，久练有助于打通经脉，强化内力，增强心肺功能。

基本动作 预备式：身体直立、两手下垂、舌顶上腭、吸气。

1.两手手指微屈成握球状，沿两腿外侧，随两臂缓慢提至腋窝处，两臂成45度角，同时，头颈向两肩用力下缩，呼气，腹部和肛门放松，两腿下蹲成135度角，脚跟用力着地，两脚尖微翘。

2.两手翻掌，似握球状，从腋窝处移至胸前，随两臂向下缓慢运至两腿外侧。两手向下的同时，头颈用力向上伸，吸气、收腹、提肛门、两腿伸直，前脚掌和脚趾用力着地，后脚跟微翘。

要求 上身始终保持直立，1～2式不得间断，连续反复运动，运动中全身均衡用力，气入丹田；血随运动周身加速流淌，与呼吸协调一致。唾液满口时及时入腹。每次做20～30分钟，每日1～2次。

（郭明举）

小贴士六十一

抱膝滚动治腰背痛

仰卧在床上，两眼看天花板，屈膝屈髋，两大腿紧贴腹部，两手十指交叉，抱住膝下小腿部，并使小腿尽量向胸腹部靠紧，然后用力向左滚动，以左耳、左肩、左手臂挨着床为止，回转身再向右侧滚动，与向左滚动方法相同。如此反复滚动30～50次，即感到浑身轻松，腰部的疼痛减轻。每天早晨起床后和晚上睡觉前滚动，可收到很好的疗效。

（晓　捷）

小贴士六十二

"划船法"强腰身

这是一种简便易学的背肌运动法，做起来形似划船，因此称之为"划船法"。具体做法如下：

卧于硬板床上，两手握住床头，两膝关节伸直，逐渐用力使下肢后伸抬起；俯卧如前，两上肢放在背上伸直，将头颈和肩部逐渐抬高。

同时收腹将双腿伸直，逐渐抬起，让腹部着床，肢体成船状。

两法交替进行，每日数次，每次10分钟。"划船法"在家中随时可做。初次练习，四肢配合不协调，熟练后可运用自如。该运动舒筋活络，有助于恢复肌肉弹性。　　　　　　　　　　　　　　　　　（丰　春）

小贴士六十三

反捶背，治腰疾

摩腹　双足平行与肩同宽，身体直立，双目平视，做到含胸、拔背、沉肩、坠臀、收颌。双掌相叠，按于脐部，先顺时针，再逆时针。

旋腰　双手十指交叉抱于头后部，吸气，上身缓缓左旋至最大限度，呼气，缓缓还原，吸气，上身缓缓右旋至最大限度，呼气并缓缓还原。

晃腰　上身直立不动，双手叉腰以腰带髋，从左至右缓缓转动。

打功式　舌抵上颚，自然呼吸，双手十指交叉抱于头后部，上身平直不屈，弯腰身前俯，膝直勿屈，双掌用力将头向下压，弹动3次，慢慢还原。

挺腹后仰　吸气双手叉腰，缓缓挺腹，腰部后仰至最大限度，呼气慢慢回收，回至原位。

反捶背　双手握拳，放于后背部，以虎口部由上而下捶击8次。此套健身方法能吐故纳新，调节情绪，练习时全身放松，呼吸均匀，最好能伴随音乐进行。　　　　　　　　　　　　　　　（周青前）

小贴士六十四

清晨转腰治便秘

便秘是现代人尤其是中老年人的常见病，经常转动腰部能治疗便秘。每天做 1～3 次，清晨锻炼最好，睡前和饭后不宜，一般连续做 10～15 天即可见效。

具体方法是：两足分立，呈八字形，足距略宽于肩，两膝微屈，

上身保持正直，两手叉腰，目视前方，肩膀放松，呼吸自然。

这是预备姿势，接着开始"转腰"：以小腹部的转动为主，以肚脐为轴心，按顺时针和逆时针方向平转，连续做小幅度圆周运动。练习初期，运动量不宜大，每次各转 30 ～ 50 圈即可。

然后根据身体情况和症状轻重，慢慢增加转动圈数，并提高速度，圈数可增到 200 ～ 300 圈，时间为 15 分钟左右。转腰时动作宜和缓、连贯，重点要放在腰部和腹部。 　　　　　　　　　　（佳　文）

小贴士六十五

常做柔韧操护腰背

弯腰捡东西或者系鞋带时，稍有姿势不当，就容易造成背部肌肉的拉伤和疼痛。平日如果能做一些锻炼背部柔韧性的体操动作，并长期坚持，就能避免这些损伤。

屈膝平卧，双手把一侧膝盖轻压向胸部，使背部有拉伸感，但以不觉疼痛为度，保持 30 秒后放松，两侧交替做。

屈膝而卧，双手在脑后交叉抱头，头部用力向上抬起，到肩部离地，保持 10 秒后放松，像做仰卧起坐的样子。

屈膝跪在地上，双手撑地，背部向上弓起，保持 5 秒放下。做 10 次。

俯卧，在腹部下放软垫子。将左手和右脚同时举起，直到背部和臀部有紧绷感，再坚持 2 秒后放松，然后换右手和左脚举高。共做 10 次。

练习时，应保持均匀呼吸，采取从慢到深的呼吸方式，切忌呼吸不畅或憋气。每个动作需要感觉到肌肉被拉伸，但不要过度；每个动作后都应放松伸展过的部位，等肌肉缓和再做伸展。

温馨提示 每周进行 3 ～ 4 次的训练较为适宜。柔韧性练习可在健身活动前或后进行，健身前做有助于热身，防止受伤；健身后做有助于放松肌肉，消除疲劳感。 　　　　　　　　　（申　诺）

小贴士六十六

伸伸脊柱防耳背

　　取仰卧位，两臂伸直放于体侧，两腿伸直，两脚分开与肩同宽。全身放松，调匀呼吸。脸尽量向左侧偏，直到脖子不能转动为止，同时手指伸直，左手垂直往上抬，直至距床面30厘米处。脸仍尽量向左偏，左手保持与床面30厘米的距离，平行向右移动，手指伸直指向右脚尖方向，保持此姿势，深深吸一口气，然后憋住，时间越长越好。当气憋不住时，脸转回原位，同时呼气，全身放松，10秒钟内不要动。反复进行2～3次。

（刘谊人）

小贴士六十七

"金鱼摆尾法"舒筋活络

　　脊椎的保健与人体的健康息息相关。"金鱼摆尾法"能舒筋活络，改善颈椎、腰椎的血液循环。

　　早晨醒来后，平躺在床上，两手枕在颈下，颈肩、腰肢随意像金鱼游动一样左右摆动，次数不限；之后，头颈自然抬起9次，双脚抵床尽量抬起腰部9次。

　　这是一种在平卧的姿势下，适度地摇摆脊柱，并屈伸颈椎及腰椎的健身方法。摇动脊柱可使脊柱内的脊髓和神经受到刺激，向上可将感觉信息传导至大脑皮层，调节中枢神经系统的功能；向下传导至躯体和内脏器官，促进神经系统对人体各个功能器官的调节，激发机体活力。

　　温馨提示　在应用"金鱼摆尾法"时，要注意摇摆脊椎的幅度及强度，一是要循序渐进，逐渐增加锻炼强度；二是要控制摇摆程度一定要在舒适的感觉以内，避免脊椎损伤。

（乐　享）

小贴士六十八

回头远望练脊柱

双脚分开与肩同宽，脚与膝关节朝前，微微屈腿。上身以腰为轴，在头的带动下做垂直转动，直到转到自身的最大角度；双手跟在头的后面，当身体转到最大角度后，双手跟上转到眼前成搭凉棚状，然后双眼通过凉棚向远方眺望，保持回头远眺 2 ～ 3 秒；然后在头的带动下身体转向对侧，重复刚才的远眺动作。

做这个动作的要点就是眼睛的感觉，一定要用眼睛带动头，而后使头带动整个颈部及上肢转动，整个过程中腰尽量做到直立，手跟在头的后面，直到转到最大角度再转到前面。左右各做 10 ～ 20 次。此法可以有效地锻炼腰部肌肉群，提高腰部力量。同时对脊柱骨、椎间盘等腰部关节疾病的预防与康复有一定作用。　　　（冬　雪）

小贴士六十九

走一走，更健康

普通散步　每分钟 60 ～ 90 步，每次 20 ～ 40 分钟。这种散步适合于患有冠心病、高血压、脑中风后遗症、呼吸系统疾病及关节炎的老年人。

快速散步　每分钟 90 ～ 120 步，每次 30 ～ 60 分钟。这种方式适合于患有慢性胃肠道疾病和处于高血压稳定期等中老年患者。

背向散步　步行时两手背放于肾俞穴处，缓步倒退走 50 步后再向前行 100 步，反复 5 ～ 10 次。此种方法适合于身体健康的中老年人。

摆臂散步　在普通散步的同时两臂用力前后摆动，可增强肩关节、肘关节、胸廓等部位的活动。此方式适合于患有慢性胃肠炎及上下肢关节炎的中老年人。　　　（达　子）

小贴士七十

八卦走，健身体

我国古代流传下来的八卦掌，其行走方法粗看似走圆圈。若以此法，每天锻炼 20 ~ 30 分钟，可达到健身的效果。

初练时，可在地上画一个直径约 1 米的圆圈，人站立于圈外边缘，脊椎伸直，腰部自然下沉，如向右（左），先跨出左（右）脚，在距右（左）脚尖前 10 ~ 20 厘米处落脚，接着跨出右（左）脚。行走时双手可垂于身体两侧或背向身后，不可低头弯腰，双膝可自然屈曲，但速度切勿过快，以双脚交叉或八字形朝向外侧。如此行走数分钟或一定圈数后换方向。

初练习惯后，即可正式走圈。设想地面有一个 1 米左右的圆圈，走圈时双臂向两侧自然伸直。待向左右方向各走完 10 ~ 20 圈后，换"八卦掌"法，即抬起双臂，一掌在上，纵向不超过头顶，但横向可超出面部，一掌小臂位于上腹部，双掌心皆向外（即身体的左右侧）。走 10 ~ 20 圈后，同时换手换方向。当"平伸"和"八卦掌"手姿感到疲惫后，可采用自然下垂或背向身后的方法。 　　（云 清）

小贴士七十一

走步也能控制血糖

对本来没有运动习惯的"糖友"来说，其实走步也是控制血糖的一个不错的方法。

把握速度 如果不能适应连续半小时快步走的运动量，不妨从小运动量开始。不必担心运动强度太低，研究表明，每天步行 10 分钟对降糖也是有益的。因此，你可以每天步行 3 次，每次步行 10 分钟，直到你可以连续步行 30 分钟。

忽快忽慢 如果你以前没有锻炼身体的习惯，那么就很难适应短时间内的高强度运动。不妨每天多走半小时，通过加长步行距离来积累运动量。你可以在一次锻炼中采用不同的强度，快走10分钟，再放慢速度走10分钟。

挑战难度 坚持运动一段时间后，如果你想增加难度，除了提高步行的速度，还可以选择爬坡或增加跑步机的倾斜度等方式，这样有助于稳定血糖。不过，对于患有膝关节、踝关节等关节疾病的"糖友"而言，选择时需要慎重。

增加新鲜感 选择多种运动方式要比单一的方式更好。理想的一周健身计划应该包括一天的快步走、一天长距离的耐力训练以及一天有助于增加肌肉强度的爬山训练。可以通过力量训练以及灵活性训练将健身运动坚持下去。

（胡　杨）

小贴士七十二

学走"螃蟹步"

螃蟹是横着走的，摇摇摆摆的样子滑稽而又不失可爱。人若是学起螃蟹来横着走是不是觉得很奇怪呢？据说这是一种很好的养生保健运动，可有效缓解老年人腰腿疼痛的症状。

在人体大腿的内侧有一处肌肉群，约占大腿面积的25%。如果这个肌肉群的机能出现衰退，就会引起腿部的各种问题。加之很多老年人走路姿势不正确，膝盖向外，腿分得很开，久而久之，就会引发由于腿部关节受力不均而导致的各种疼痛。但正常的走姿很难锻炼到这个肌肉群。相比之下，模仿螃蟹横着身子走，则可以使这一肌肉群不断拉伸和收缩。坚持锻炼，可以有效缓解腿部及关节酸痛的症状。同时，老年人在横跨步时，还可借助扭动腰部舒展背部肌肉，缓解背痛。

"螃蟹步"看似简单，做起来却很有讲究。行走前，双脚的脚后跟应向外45度展开，同时慢慢吸气，膝盖也要向着脚尖方向慢慢扭动。

然后一边吐气，一边慢慢横着迈步，迈一步所用的时间最好在 5 秒左右。老年人可根据实际情况来确定运动量。运动时要穿柔软的运动鞋或布鞋，每次运动时间不宜过长。　　　　　　　　　　（原　峰）

小贴士七十三

踩木棍

准备一根直径 3 ~ 5 厘米、长 10 厘米的圆木棍，以能放下双脚为宜。

直立式　双脚踩在木棍上，然后左右脚一上一下交替踩棍，让木棍对脚底各个部位都刺激到，时间 5 ~ 10 分钟。踩棍时最好赤脚，因为赤脚对穴位刺激大，效果更好。

坐姿式　人坐在凳子上，赤脚踩在木棍上，脚在木棍上面踩来踩去，然后双脚前后来回滚动木棍，坚持 10 分钟左右，也可边办公边踩棍，踩踩停停，这样较随便，效果也好。

卧姿式　仰卧在床上，双脚高抬踩在墙壁的木棍上，反复踩来踩去，时间 5 ~ 8 分钟。　　　　　　　　　　（辰　雨）

小贴士七十四

可以"偷懒"的运动——太极拳运动

虽然运动强度小，动作慢，但标准的动作是保持半蹲位，身体重心较低。老年人的动作太标准，会使膝关节的负荷过大，引起关节软骨软化症、滑膜炎、脂肪垫炎等关节炎，重者引起骨质增生，影响锻炼和日常生活。所以打太极拳时，应"偷点儿懒"，提高身体重心，保持直立位运动。这样可减少膝关节负荷，减少疾病发生。太极剑、迪斯科、舞蹈等运动也应尽量避免强度较大的动作。

小贴士七十五

压腿"四要"

老年人肌肉弹性差，压腿时如果不注意很容易受伤。

一要稳　单腿站立时必须站稳，最好能有个扶手，避免摇晃失去重心跌倒；

二要轻　压腿用力不能过猛，以免对腰腿肌肉、骨骼造成损伤；

三要短　一般每次压腿 3 ～ 5 分钟即可，要缓缓进行；

四要放松　压腿之后不要马上结束锻炼，还要进行踢腿练习来进行放松调整。

（张宝英）

小贴士七十六

甩腿扭膝不易老

腿是人体主要承重肢体，它有着人体中最结实的关节和骨骼，如果能坚持适宜的锻炼，尤其对下肢进行有针对性的训练，可以减缓肌肉组织和骨钙的损失，延缓腿的衰老。

可选择散步、快走、慢跑等运动，使腿脚部位的肌肉、穴位接受刺激，促进腿脚血液循环，调整机体功能。除以上运动形式外，甩腿、扭膝等动作也能舒通经络，延缓衰老。

甩腿时一手扶树或墙，上身正直，先向前甩动小腿，使脚尖向前上翘起，然后向后甩，脚尖向后，脚面绷直，腿亦伸直。两条腿轮流甩动各 20 ～ 30 次，共 2 ～ 3 个循环。扭膝时两足平行靠拢，双膝并拢，屈膝微向下蹲，双手放在膝盖上，顺时针扭动数 10 次，然后再逆时针扭动。反复 3 遍。扭完双膝后再稍事随意地活动肢体，如抖抖手腿，或下蹲起立，或原地踏步等。

经常甩腿扭膝，能疏通血脉，增强膝部关节韧带等组织的血液循环和柔韧灵活性。运动时，时间和运动量应根据自身情况而定，以运动时和运动后无明显疲劳不适感为宜。腿脚经常疲劳的老年人，每天

将双脚抬高，与心脏水平或者略高，然后双手旋转揉搓小腿3～5分钟，以改善血液循环。 （兰 芷）

小贴士七十七

防衰老，先练腿脚

人的腿脚肌肉是衡量一个人是否健康的重要标志。以下简单5个方法可以助您锻炼腿脚。

1. 双手手掌合抱一侧大腿，稍稍用力，逐渐向下按摩，直至脚踝，然后再从下往上按摩到大腿根，用同样的方法按摩另一侧大腿，左右各按摩20次。

2. 取坐位，双手微握拳，先从一条大腿的根部开始轻轻捶击，直至脚踝，然后再往回捶至大腿，用同样的方法捶击另一条腿，各进行20次。

3. 双足平行靠拢、屈膝半蹲，双手护住膝盖，使膝部做顺时针、逆时针的旋转各30次。

4. 身体直立，双足左右分开与肩同宽，先将重心移至左足，抬起右足快速抖动半分钟，然后将重心移至右足，抬起左足抖动半分钟。

5. 身体直立，双足分开与肩同宽，将重心移至左足，用右足尖点地，正反转动踝部各20次，然后用同样方法正反转动左足踝部20次。

（张宝英）

小贴士七十八

久坐踩踩"缝纫机"

在公园里经常会看到一些老年人围着一盘棋或者一个牌局一坐就是一整天，这样时间久了对腿部血管危害很大。因为下肢静脉的血液回流需要肌肉的收缩来辅助，久坐久站时肌肉收缩减少，使得静脉的

血液流速减缓，出现腿部肿胀、发麻，久而久之诱发静脉曲张，甚至是危及生命的下肢深静脉血栓。久坐久站时可以做一些原地运动，如类似踩缝纫机踏板的小幅度腿部运动，左右腿交替进行，每隔一个小时做一次。有条件的可适当把腿抬高，并用手拍拍腿部做简单按摩。

小贴士七十九

两招帮您盘腿坐

盘腿坐可以改善记忆力、摆脱压力。盘腿而坐时，两腿分别弯曲交叉，把左腿踝关节架在右腿膝关节处，向前俯身，保持这个姿势。盘腿坐需要较好的柔韧性，如果连 10 分钟都坚持不了的人，那就说明你的腿部、踝部、髋部的柔韧性不够，平常也缺乏柔韧练习。

以下两个简单的练习动作，针对腰、臀、腿部进行拉伸，能大幅度提高身体灵活性，轻松完成盘腿坐。

跪姿伸展 跪在垫子上，双膝并拢，脚踝背伸，使两个脚面都贴在垫上。然后双手后撑，尽可能后仰上身，感觉到大腿前部被拉紧时，保持 15 ~ 30 秒钟。休息半分钟，再做一组。随着大小腿柔韧性的增强，你将能够使上半身躺在垫上。

坐姿前屈 坐在垫子或床上，双腿并拢伸直，尽可能向前俯身，双手触碰小腿胫骨，感觉到大腿后侧被拉紧时，保持 15 ~ 30 秒钟，休息半分钟，再做一组。为增加趣味性并测试自己的进步程度，每次练习都尽可能使双手比上一次往前挪一点，直到双手超过脚掌的位置，胸部能够贴到膝盖为止。

练习一段时间后，您的柔韧性将大幅提升。一般健身者，可以从单腿盘坐开始，然后慢慢双腿盘坐，即两只脚都架在对侧腿的大腿上，上身保持挺直，双手交叉虚放在肚脐处，排除杂念，坐 20 ~ 30 分钟即可。

（巧　灵）

小贴士八十

悬身运动防衰老

悬身运动，就是用两手握住比自己稍高的单杠、结实的门框等，根据身体状况，双手用力上拉，身体尽量向上，使两脚离开地面。如果因为两臂无力，两脚不能完全离地，将两脚后跟提起来，用两脚尖着地也可。此方法每天锻炼 2 ~ 3 次，每次 2 ~ 5 分钟，要长期坚持下去才能有效果。悬身运动能使全身的肌肉得到拉伸，减轻腰部的承受力，避免了肌肉萎缩和骨质增生等一系列身体老化现象，对预防和治疗中老年人最容易发生的肩周炎、腰背酸痛、驼背、脊柱侧弯等都有良好的功效。

（知　书）

小贴士八十一

跑步前别忘"脚热身"

跑步时下肢的负重相当于走路时的 2 ~ 3 倍。因此很多人跑步之后都会有脚疼的感觉，运动前进行"脚热身"，会缓解这一现象。

众所周知，跑步前要热身慢慢进入状态，但不要忽略了脚部的热身。可以先步行或慢跑启动，此外也可做些热身操进入状态，比如拉伸脚底及腿部的肌肉。腿部肌肉活动开了，也有利于保护足部不受伤。

（陶　冶）

小贴士八十二

动脚趾，醒得快

人体肌肉的感知能力最弱，对自己身体的感知最少。因此，早晨一觉醒来时适当做些活动，可提高身体的血液循环速度，使身体更快醒来。

起床前　弯曲脚趾 15 ~ 30 秒，有助于激活与双脚活动相关的

肌肉组织，为下床走动做准备。摆动手指，双手慢慢反复抓放握拳 15 ~ 30 秒。

起床时　先有意识地双脚落地，站立片刻，充分感知脚下地板，集中注意力，享受"脚踏实地"的感觉。

起床后　做屈膝肌拉伸，伸展大腿上方的大块肌肉。该动作有助于唤醒包括上身及颈脖双肩在内的所有肌肉群，为全天活动做好充分准备。

（晨　曦）

小贴士八十三

脚趾运动健大脑

脚趾抓地　站立或坐姿都可以。将双脚放平，紧贴地面，与肩同宽，连续做脚趾抓地动作 60 ~ 90 次，每日可重复多次。采用抓地、放松相结合的方式，可以形成松紧交替刺激。

脚趾取物　每天洗脚时，在盆里放一些椭圆形、大小适中的鹅卵石或其他物体，用脚趾练习"抓球"动作，反复夹取水中的物体。

扳脚趾　用手反复将脚趾往上扳或往下扳，如果同时对脚趾配以揉搓动作，效果更佳。

上面这些锻炼脚趾灵活性的活动，都能很好地达到疏通气血的作用，增强大脑的反应速度和灵活性。

（赵　辑）

小贴士八十四

做足脚上功

敲击脚底　每晚临睡前用拳头"咚咚"地敲击脚底，可以消除一天的疲劳。正确的敲击法是以脚掌为中心，有节奏地进行，以稍有疼痛感为度。可以盘腿坐在床上或椅子上，把脚放在另一侧腿的膝盖上，这样比较容易敲击。每只脚分别敲 100 次左右，不可用力过度。

双脚晃动　仰卧在床，先让双脚在空中晃动，然后像踏自行车一

样让双脚旋转。只要持续 5 ~ 6 分钟，全身血液循环就会得到改善。冬天怕冷的人如果在就寝前实行此法，会感到全身温暖，有助于改善睡眠。

脚底浴光 凡是实行脚底日光浴的人，夏天不易中暑，一年四季不易感冒。天气晴好时，每天可以在室外让阳光直接照射 20 ~ 30 分钟。不要隔着玻璃晒太阳，因为大部分紫外线会被玻璃吸收。

脚底摩擦 失眠时可以仰卧在床上，举起双脚，然后用力相互摩擦。如果双手也同时进行摩擦效果更好。只要用力摩擦 20 次，脚部就会感到温暖，睡意也就来了。

揉搓脚趾 用手抓住双脚的大脚趾做圆周揉搓运动，每天揉搓几次，每次 2 ~ 3 分钟。也可用手做圆周运动来揉搓小脚趾外侧，可提高记忆力。

按压脚跟 刺激脚后跟可以纠正驼背的姿势，方法是手指用力按压脚后跟，感到疼痛时停止。

脚踩网球 坐在椅子上，用脚转动网球。开始转动网球时，脚底会感到相当疼痛。坚持一段时间后，这种疼痛感会逐渐变为舒适感，脚部疲劳也会在不知不觉中消除，这种方法还有利于消除便秘。

刷洗脚底 洗澡时用刷子摩擦脚底。通过刷子刺激，促进体内激素的分泌，天长日久，能使皮肤白嫩起来。刷子最好选用天然纤维的，比较柔软，不会损伤脚底。

温风刺激 用电吹风对脚底进行温灸，如果感到过热可以把电吹风暂时拿开，稍等片刻再吹。如此反复多次进行，可以消除脚部疲劳，预防及治疗感冒、肩周炎、腰痛等疾病。

（张　会）

小贴士八十五

动脚踝，为心脏减负

脚踝上分布着淋巴管、血管、神经等重要组织，既是脚部血液流通的重要关口，又是联系人体足部和身体的交通枢纽。柔软而有弹性的脚踝有助于静脉血液回流，相反，如果脚踝老化僵硬，容易导致血液回流不畅，从而加重心脏负担。

旋踝 自然站立，其中一脚站立，另一只脚旋转画圈，双脚交替进行，也可取坐立或仰卧位进行，最好是站立旋踝。每日1次或早晚各1次，每次15分钟左右。

拉伸回勾 取坐位，呼气时一脚着地，另一只脚向前下方伸直，尽量伸展脚踝前端的肌肉和韧带，保持姿势约1分钟；吸气时脚尖尽量回勾，保持姿势约1分钟。呼吸速度不宜太急，两脚交替，各做10次。

踮脚 两脚脚尖前1/3着地，其余2/3悬空站立，踮起脚尖，放下；再踮起，再放下，重复10次。

这种锻炼方式没有太多限制，随时随地可以进行，无论是在公园还是在办公室或者在家看电视的时候都可以做。但需要注意的是，活动脚踝时速度不可太快，切忌用力过大、过猛，以防踝关节软组织损伤。

（小 雪）

小贴士八十六

四个动作缓解脚痛

调查显示，53%的人患有很严重的脚疼病。为此，美国洛杉矶人类运动专家凯蒂伯曼博士总结出缓解脚痛的4个动作。这些动作每个至少做1分钟，每天做3次以上，即可见效。

1. 绷直双腿

面对墙壁，席地而坐，双脚抵住墙面，双腿绷直，拉伸小腿肌肉和腘绳肌腱（通常穿高跟鞋会导致这些肌肉的紧张）。做此动作时，可以在屁股下垫个枕头，拉伸时上身可适当前倾。

2. 放松脚趾

右腿向前跨步，左腿脚趾碰地，感觉脚背拉伸，保持1分钟，然后换右腿。

3. 五指分脚趾

坐在椅子上，跷起左腿，脚踝架在右大腿上，将左手手指依次插入脚趾缝，尽量将脚趾分开。注意保持动作。然后，换另外一侧，重复上述操作。

4. 靠墙 V 字拉伸

躺在地板上，架起双腿，让双脚脚跟靠在墙壁上，双腿呈 V 字形分开，臀部与墙壁保持 10 厘米左右的距离，感觉大腿内侧肌肉的拉伸。大腿内侧肌肉过紧会导致足弓受压过大，并由此造成脚疼。而该动作不仅能缓解大腿内侧肌肉紧张，还有助于防止肿胀。（小　森）

小贴士八十七

常练脚踝可防摔倒

葡萄牙波尔图大学利贝罗教授在研究报告中称，人们随着衰老而失去灵活性的部分原因是下肢功能弱化。脚踝部肌群在保持平衡方面起重要作用，此部分肌肉强健可防止摔倒。

利贝罗教授与其研究小组将老年人随意分为脚踝锻炼组和对照组。锻炼组每周练习3次，每次练习15分钟，内容包括热身运动、使用橡皮筋伸展脚踝和缓和运动各5分钟，连续6周。随着参与者的日益强健，其被给予的橡皮筋的阻力也越来越大。

结果显示，锻炼组脚踝背屈肌和脚底屈肌的力量明显增强，灵活性和平衡感也明显改善。而对照组在相应方面均无明显改变。（王同进）

小贴士八十八

板凳操，防摔倒

老年人防摔倒，就要加强体育锻炼，其中，板凳操是一个不错的选择。板凳操主要为老年人提供身体平衡感的训练，防止老年人在行走和生活中出现意外摔伤。

坐在有靠背的板凳上，背挺直。然后用以下3个动作进行训练，每个动作至少做8次（患有高血压的老年人最好不要做这类操）。

双脚保持弯曲，略微抬起离地，先向外侧张开，再合拢；脚略微高抬起离地，先伸直，后弯曲，可以双脚同时进行，也可以轮流进行；上身及头部先尽量侧身向左倾斜，后侧身向右倾斜，倾斜的同时背部挺直。

（成 廉）

小贴士八十九

每天三遍舌头操

经常运动舌头,可加强内脏各部位的功能,有助于食物的消化吸收,强身健体,延缓衰老;有助于缓解高血压、脑梗死、老年痴呆等疾病的症状;除此之外,还可减少口腔疾病的发生,锻炼面部肌肉,使人容光焕发。可每日早、中、晚各做一次。

伸舌运动 静坐且眼睛半闭,微张嘴。尽量伸出舌头然后缩回,反复做 10 ～ 20 次。

"蛇吐芯"运动 把舌体伸出后向左右来回摆动 10 ～ 20 次,动作有点像蛇吐芯子。

舌根运动 舌头顺时针、逆时针分别搅拌 10 ～ 20 次。

这几个练习能够显著锻炼咽腔肌肉,长期坚持对打鼾也有一定疗效。

（王淑芹）

小贴士九十

健脑就做"不对称"操

"不对称"操,又称"一心多用"操。这种操通过人体四肢不对称运动而促使大脑增加思维反应能力。老年朋友学这种操,并坚持练习,能强身健脑,思维敏捷。

手指运动 两臂前平举,掌心向下,左手大拇指压住食指,右手大拇指压住小指,然后左手由食指到小指,右手由小指到食指,依次同时用力弹出,第二个八拍后两手依次由握拳、变掌、握拳、变掌交替进行,速度由慢到快。

绕环运动 （1）肘绕环。两臂侧平举屈肘,以肘关节为轴,左右前臂分别按顺、逆时针方向同时绕环。（2）臂绕环。以肩为轴,

左右手臂分别按顺、逆时针方向在体侧绕环，第二个八拍交换方向。

踢腿运动 左臂侧平举同时右腿向外侧踢，右臂侧平举同时左腿向外侧踢；左臂前平举同时左腿前踢，右臂前平举同时右腿前踢。

全身运动 体前屈。两手指尖分别触异侧脚。左腿左前跨一大步成左弓步，同时上体抬起，左臂向左前方斜上举，手掌向内旋；右臂向右后斜下方伸，手掌向外旋。还原后可换另一方向。 （乐　途）

小贴士九十一

防健忘多做头部按摩

随着年龄的增长，不少人深受健忘的困扰。在此，教大家一招防健忘的自我按摩方法。

先用两手的拇指和中指交替从两眉头之间的中点上直推至发际，总共进行 10 次。再由发际直推头顶正中线与两耳尖连线的交点处，即百会穴，做 10 次。按压百会穴三个呼吸时长。如此为 1 遍，做 3 ~ 7 遍。 （刘谊人）